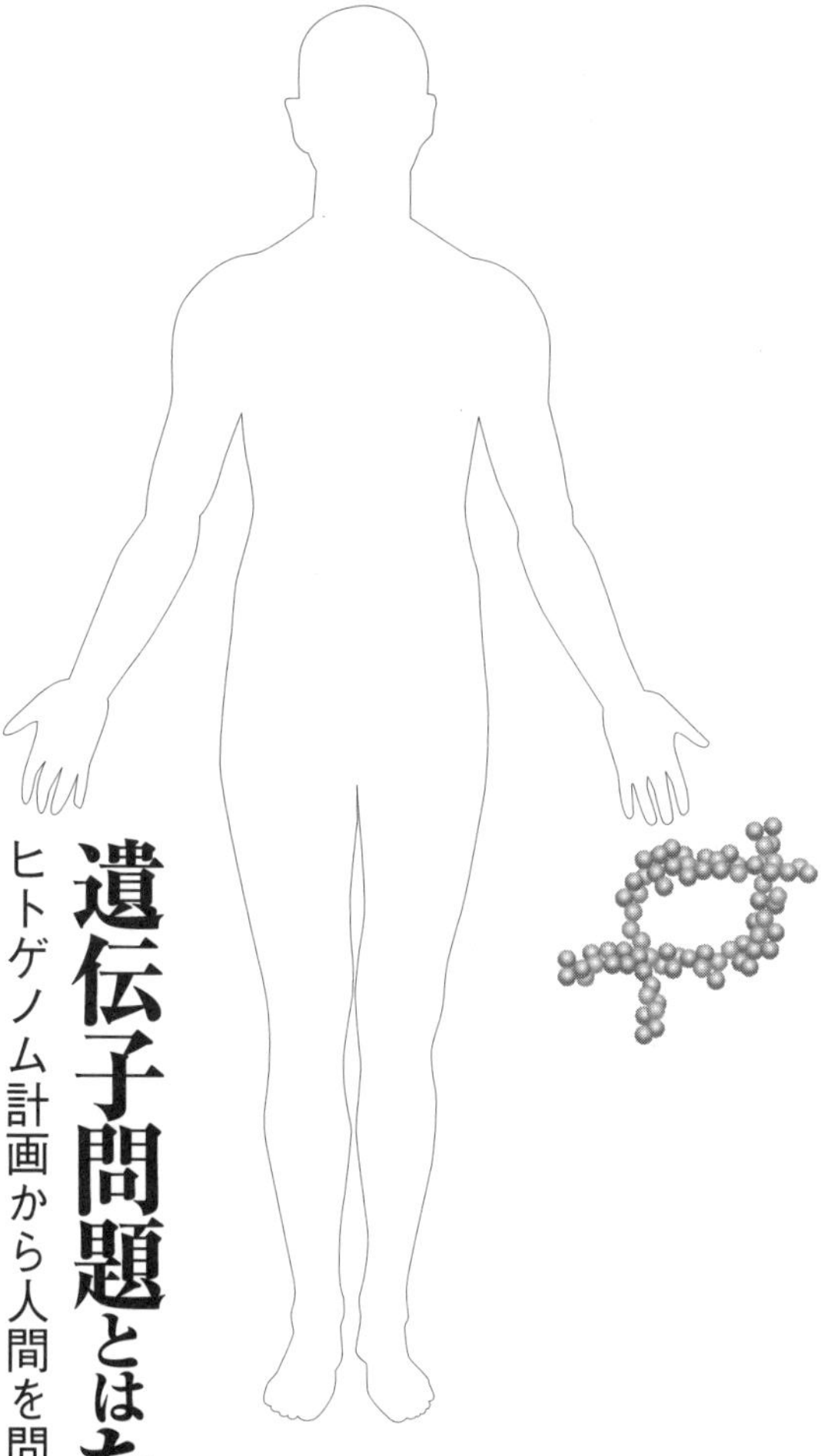

遺伝子問題とはなにか

ヒトゲノム計画から人間を問い直す

青野由利

新曜社

はじめに

「ヒトゲノム」という聞き慣れない言葉を初めて耳にしたのはいつのことだろうか。おそらく人間の全遺伝情報を解読する「ヒトゲノム計画」の構想について記事を書いたときではないかと思う。もう、十五年近くも前の話だ。

半信半疑で聞いた「ヒトゲノム計画」は、その後現実のものとなり、生命の設計図や人間作りのレシピにも譬えられる遺伝子の暗号が、次々と読み解かれてきた。

四種類の文字でDNAの上に書かれたこれらの暗号は、現在、コンピュータのデータベースに蓄えられている。しかし、それだけでは本当の意味で「遺伝情報が解読された」とはいえない。なぜなら、暗号文字が表す遺伝子の働きを解明して初めて、人間が生きていく上で欠かせないレシピを手にすることができるからだ。

実をいえば、病気の遺伝子の解明は、ヒトゲノム計画が始まる以前から着々と進められてきた。手間のかかる、ねばり強さや「運」が要求される作業だったが、ゲノム計画の進展と歩調を合わせてその作業も加速してきた。

解明済みの遺伝子のなかには、いわゆる遺伝病の遺伝子だけではなく、「体質」にかかわる遺伝子もある。「心」の働きを左右する遺伝子を発見したという報告も目立つようになった。これらの遺伝子を使って、「遺伝子診断」をしたり、「遺伝子治療」をしようという試みは、この十年で急速に進んだ。

ヒトゲノムの暗号は医学以外の分野でも、個人を識別したり親子関係を調べる「DNA鑑定」に利用されている。クローン羊ドリーが誕生したことによって、「遺伝子の暗号が等しいこと」の意味も改めて問われるようになった。

もはや遺伝子研究は他人ごとではなくなったのだ。

この新しい遺伝学の成果をどのように応用していくかによって、二十一世紀の社会のあり方は大きく左右されるに違いない。その時に、社会や個人がよりよい選択をしていくにはどうしたらいいのか。遺伝子差別やプライバシーの侵害を防ぎながら、遺伝子技術を利用していくための方策は何なのか。遺伝子特許論争に象徴される遺伝子情報の商業化にはどのように対応していけばいいのか。

本書は、ヒトゲノム計画を背景に、病気の遺伝子探しや体質の遺伝子解析、それらを利用した遺伝子診断や遺伝子治療がどのように進んできたかを紹介するとともに、遺伝子技術が社会に与える影響について考える材料を提供するつもりで書いた。8章と11章では筆者が社会人大学院生として行った遺伝子をめぐる心理学的な調査にも触れた。

われわれの目の前には未知の開拓地である「遺伝子の世紀」が広がっている。魅力的であると同時に、落とし穴が隠されているに違いないこの地を歩くためのコンパスとして、気軽に読んでいただきたいと願っている。

目次

目　次

装幀＝加藤俊二

プロローグ

事件は一般の人にはほとんど知られないまま、静かに進行していた。発端は一九九二年の米国東海岸に遡る。

世界的な医学研究の中心である米国立衛生研究所（ＮＩＨ）を飛び出し、起業家から七〇〇〇万ドル（約九〇億円）の融資を受けて遺伝子解析専門の研究所を設立した一人の分子生物学者がいた。その名をクレイグ・ベンターという。

新会社「ゲノムリサーチ研究所（ＴＩＧＲ）」に、遺伝暗号の自動読み取り装置五〇台を配備したベンターは、「数年以内に人間のＤＮＡをすべて解読してみせる」と心に誓ったに違いない。

その野心の根底にあるものはなんだったのか。周囲もうすうすとは感じとっていたが、それというのもベンターがＮＩＨを飛び出す少し前にあるできごとがあったからだった。

人間の体のなかで働いている遺伝子の総数は七万から一〇万種類といわれる。遺伝子の本体はＤＮ

Aで、この上に塩基の暗号文字で遺伝情報が書き込まれている。意味のある遺伝子以外にも意味不明の暗号配列をもったDNAが存在し、これらの暗号をすべてあわせたひとそろいをヒトのゲノムと呼ぶ。

ヒトゲノムは人間の設計図のようなものであり、人間の身体的な特徴だけでなく、病気や体質の情報までがそのなかに含まれている。医薬品開発や病気の診断などにこの情報を利用しようと考える人にとっては宝の小箱だ。

NIHとベンターはこの設計図のうち、人間の脳で働く二三七五種類の遺伝子断片の暗号配列を米国の特許商標庁に出願していた。遺伝子の特許が出願されたのはこれが初めてではなく、その前の年にもベンターが三〇〇の遺伝子断片の塩基配列を出願しているが、これほど大量の遺伝子特許が一度に申請されるのはきわめて異例のことだった。

DNAの二重らせん構造の発見で知られるジェームズ・ワトソンをはじめ、世界中の科学者がこの出願に反発した。なぜなら、ヒトの遺伝子の情報は人類の財産であり、特許の対象とすべきではないという暗黙の了解があったからだ。

しかし、ベンターの側からみれば、ここで特許を申請しておかなければ、これらの遺伝子から作れる医薬品や診断薬などの特許がとれなくなるという心配があった。

これらの遺伝子の特許を一個人や一研究所が手中に収めると、いったいどういうことが起きるのか。ゲノム研究者のあいだに波紋が広がり、世界的な論争に火がついた。英国の医学研究審議会（MR

C）は対抗措置として約一四〇〇の遺伝子断片の配列を特許申請し、遺伝子特許戦争に突入か、という懸念もささやかれた。

結局この年の秋になって米特許商標庁はベンターの申請を却下した。ひとつの理由は、ベンターらが特許申請したＤＮＡの塩基配列はひとつながりの遺伝子の一部分、言いかえると遺伝子にくっついた「荷札」のような部分だけであり、遺伝子自体がどのような働きをしているかがわからないという点だった。もうひとつの理由は申請された塩基配列の多くがすでに公開されている配列を含んでいるという事実だった。

これに対しＮＩＨのバーナディン・ヒーリー所長は、もし公開済みの配列を含む遺伝子に特許が成立しないなら、遺伝子の暗号配列を全部決めて機能を解明しても特許は取れないことになる、と反論したが、このときすでにベンターはＮＩＨを離れた後だった。

ベンターをトップに据えたゲノムリサーチ研究所は、多数のＤＮＡ自動解析装置を武器に、数種類の細菌の全遺伝暗号をいち早く解読してみせた。それ自体にも意味はあったが、考えようによってはこれは単なる練習問題にすぎなかった。

一九九八年五月九日、ベンターは再び爆弾を投げたのだ。

「パーキンエルマー社とベンター博士は新しいゲノム会社を設立する契約を交わした。新会社はヒトゲノムの全塩基配列を三年以内に解読する計画である」。

ＤＮＡ自動解析装置のメーカーであるパーキンエルマー社が発表したこの計画は、世界のゲノムコミュニティをあっといわせた。「またあのベンターか」と特許騒動を思い出した人も多かったに違いない。

三年以内といえば二〇〇一年までを意味する。当時、ＮＩＨを中心とする公的な国際ヒトゲノム計画は全ヒトゲノムの暗号解読の目標を二〇〇五年と定めていた。ベンターらの目標設定は、それより四年も早い。

政府が資金を投入している国家プロジェクトより四年も先に民間企業が解読を終えたらどうなるのか。解読された暗号の情報はどのように公開されるのか。その情報を見るにはいくらかかるのか。特許を独占される可能性はないのか。

米国や英国だけでなく、国際ヒトゲノム計画に参加している日本のゲノム研究者にも波紋は広がった。

パーキンエルマー社の発表資料には「医療の基盤は分子医学によって変貌する。新会社が生み出す情報はこの新パラダイムの基石となり、新しい治療法や診断、個人別の医療を加速するだろう」という同社幹部のコメントが盛り込まれた。

さらにベンター自身もこうコメントした。

「ゲノムリサーチ研究所の技術とパーキンエルマーの遺伝子解析技術を結びつけ、ゲノム解析以降の新時代に道を開く。全ヒトゲノムの情報に研究者が早くアクセスできればできるほど、遺伝子に原因がある何千もの病気の新しい治療法がより早く開発できる」。

この発表を知ったイギリスのウェルカム・トラスト財団は、ただちにヒトゲノム計画の国内の拠点であるサンガー・センターの予算を倍増するという対抗措置をとった。ウェルカム・トラストは医学研究に多額の出資をしている慈善基金で、この措置はもちろん、民間会社との解読戦争に負けないようにという配慮である。

米政府も一九九八年秋に発表したヒトゲノム解析の新五カ年計画で「二〇〇三年までに解読を終了する」と計画の前倒しを決め、加えて「二〇〇一年までにヒトゲノムのおおまかなドラフトを作る」という方針を明らかにした。

日本にもこのニュースは飛び込んできたが、一部の人を除き反応は今ひとつだった。政府の科学技術会議に設けられたヒトゲノム小委員会の議題に取り上げられたものの、すぐに行動を起こすことができず、結果として静観するという結論に落ちついた。

一方で、ベンターらの動きを「日本にとっても危機」ととらえる人たちがいた。日本のゲノム計画を立ち上げた松原謙一もその一人だったが、彼は「これまでも予算を増やして解読に取り組むべきだと何度もいってきたが、無駄だった」と半ばあきらめ気味に話した。

それから半年もたたないうちに、ＮＩＨはさらに計画を前倒しした。一九九九年三月に発表された計画は「英米のチームで一年以内にヒトゲノムの九〇パーセントをカバーするドラフトを作る」と宣言していた。つまり、ベンターらの新会社よりも早く、二〇〇〇年の春にはおおまかな解読を終えるという戦略をたてたのだ。

この新たな計画についてＮＩＨは「民間会社の動向とは無関係だ」と主張した。しかし、周囲はそうは受けとめなかった。「民間会社がデータを出すのなら、なにもわざわざ税金を使って遺伝子を解読することはないだろう」という声を封じるための対抗措置だという解釈があちこちでささやかれた。

ＮＩＨがなんといおうと、ヒトゲノムの全遺伝暗号の解読は「国家および公的機関」対「民間企業」の競争へと発展する以外になかった。食うか食われるか。もし民間企業が遺伝子の情報を独占すれば、医療費にも直接跳ね返ってくるだろう。

そして国際ヒトゲノム解読計画の一員であるはずの日本にとっては、もうひとつ別の衝撃があった。ＮＩＨがこのとき発表したドラフト作りの計画に、ジャパンのＪの字も出てこなかったのだ。ＮＩＨは解読の分担を「米国が七割、英国が三割」としていた。いったい日本の役割はどこへいってしまったのか。

事態がここにいたっても、日本国内の反応はにぶく、政府が突然のように重い腰を上げるのはもう少しあとのことになる。その間にもヒトゲノム計画の成り立ちを知る人々の口からは不満とも後悔ともとれるつぶやきが漏れた。

プロローグ

もし、あのとき、日本も国家戦略をたててヒトゲノム計画に取り組んでいたら……

もし、あのとき、日本の自動解析装置の開発がうまくいっていたら……

しかし、なんといってみたところで現実は変わらない。

歯車はとうの昔に回り始めていたのだ。

1章 ヒトゲノム計画とは？

❏ゲノム計画前夜

一九八六年の初頭、東京大学理学部の教授だった和田昭允は本郷のキャンパスにある薄暗い研究室である計算に取り組んでいた。

木戸孝允の曾孫に当たる和田の専門は生物物理学、すなわち生物を物理学的な手法で探索する学問である。

このとき和田が計算していたのは、人間の設計図にあたる遺伝情報の解読に関するものだった。計算には科学技術庁の特殊法人である理化学研究所の添田栄一も協力していた。

人間の遺伝情報は、細胞のＤＮＡのなかに核酸塩基の暗号文字で書き込まれている。Ａ（アデニン）、T（チミン）、G（グアニン）、C（シトシン）の四種類の組み合わせからなる暗号文字の数は全部で三〇億にのぼる。
これをすべて読み解くとしたら、いったい何年かかるか。

当時和田は、米国エネルギー省（DOE）の生物物理学者、チャールズ・デリシーと頻繁にやりとりをし、人間の全遺伝情報解読の可能性を探っていた。デリシーは、米国でいち早くこの計画の重要性に気付いた一人で、その後DOEはヒトゲノム計画に深く関わっていくことになる。

しかし、このときはまだ、人間の遺伝情報をすべて読みとるなどというとほうもない話を現実の問題として考えているのは、一握りの研究者にすぎなかった。

デリシーが所属していたDOEは、第二次世界大戦中に始まったマンハッタン計画の流れを引き継ぎ、民間の原子力委員会から発展して設立された省である。その役目は多岐にわたり、原子力発電所やそこから生じる放射性廃棄物の問題に加え、放射能や化学物質が人体に与える影響を評価する役目も担っている。

そして、放射能や化学物質は遺伝子を傷つける、という部分にDOEと遺伝子解析の接点があった。

一九八四年、広島で開かれた国際会議では、被爆者が受けた遺伝子の損傷を検出するため、被爆者のDNAを保存しようという提案が成された。遺伝子の損傷を細かく調べるためには、被爆者とそうでない人の全遺伝子を比較する必要があるだろう。いったいそんなことができるのか。

可能性を探るため、この年の十二月、米国ユタ州ソルトレークシティーのスキーリゾート地アルタで、DNA塩基配列決定の専門家を集めた会議が開かれた。最新のDNA技術をもってすれば、ヒロシマ・ナガサキの生存者と子孫の遺伝子変異が増加しているかどうかを検出できるか。答えは「まだ、できない」だったが、会議ではDNAを解析する技術が予想以上に進んでいることが明らかになった。新しいDNA解析技術のアイデアも発案された。

デリシーはこの会議の報告書を読んで触発され、率先してこのようなDNAの大がかりな解析プロジェクトを率いようと思い立ったのだ。

だが、当時の遺伝子解析はほとんど手作業に頼る状態だった。これでは熟練した人が解析作業にかかりきりになったとしても、一週間に解読できる暗号文字はせいぜい八〇〇〇字分にすぎない。

そこで、和田が注目したのは遺伝子の自動解析工場である。日本ではそれより五年前の一九八一年に、科学技術庁の科学技術振興調整費で遺伝子解析の自動化プロジェクトが走り出しており、和田はプロジェクトの代表に任命されていた。この「DNAの抽出　解析　合成」プロジェクトは、八五年から「がん研究を支える基盤技術」プロジェクトに引き継がれ、DNAの塩基配列の自動読み取り装置の開発が進められていた。

「私が遺伝子解析の自動化を考えたひとつのきっかけは、松原（謙一）さんの言葉でした」と和田は振り返る。やがて日本のゲノム計画のリーダーとなる松原は、当時は大阪大学の教授で、米国の研究室を訪れたときに大量の実験技術者や大学院生を投入してDNA解析を進めている様子を目の当たりにした。日本の研究室には多数の技術者など雇う余裕はない。この話を聞いた和田が「それなら日本は得意のロボットで行こう」と思いついたのだった。

ＤＮＡの解読の工程は、細胞からＤＮＡを抽出し、これをバラバラに切断、大腸菌などを使って増殖させることから始まる。次に、目的のＤＮＡを大腸菌などから再び抽出して精製し、電気泳動と呼ばれる方法を利用して塩基配列を決定する。

当時、自動化が進められていたのはこれらの工程の後半部分である。まず、大腸菌などから増殖した遺伝子を抽出、精製できる機械が試作された。電気泳動法にはゼラチン状の膜（ゲル）が必要で、従来研究者が手作りしていたが、これは富士写真フィルムが自動化した。さらに、遺伝子をゲルに流してＤＮＡの塩基配列を解読する自動解読機をセイコー電子工業と日立ソフトウェアエンジニアリングが開発した。

「従来どおりのペースなら、熟練者を一〇〇人はりつけても一二〇年かかる。だが、日本で開発中の自動解析システムを使えば、三〇年に短縮でき、全解読費用は約六〇〇億円。これを国際共同事業とすれば、今世紀中にヒトの全ＤＮＡを解読できる」。

これが和田と添田のはじき出した答えだった。

和田はこの計算結果を八六年三月に開かれた科学技術庁主催のシンポジウムで発表した。

世界各国の研究者を巻き込んで進行中の生物学の一大プロジェクト、ヒトゲノム計画の日本における最初の芽生えだった。

その後、このプロジェクトは、紆余曲折を経て米国主導型で進められることになるのだが、ここで少し、生物学の基礎についておつきあいを願うことにしよう。というのも、ヒトゲノム計画とは何かを知るためには、分子生物学の基礎を避けて通ることは不可能だからだ。

❑人間を作り出す情報

人間にせよ、大腸菌にせよ、その体を構成しているのは細胞である。大腸菌はたった一つの細胞から、人間は約六〇兆個の細胞が集まってできているという違いはある。

それでも、細胞のひとつをみれば、人間を人間に、大腸菌を大腸菌に形づくる遺伝情報が詰め込まれている。

もちろん、人間の細胞と大腸菌の細胞が全く同じだというわけではない。たとえば、人間の細胞には核があるが、大腸菌の細胞には核がない。つまり、人間の細胞のなかでは遺伝情報が細胞核のなかに包み込まれているが、大腸菌ではむき出しになっている。前者は真核細胞、後者は原核細胞と呼ばれる。細菌と藍藻類を除くとほとんどの動植物が真核細胞でできている。

すべての生物が細胞から組み立てられているということは、十九世紀になって初めて認められた事実で、これを基礎にして遺伝学が発展した。

古典的な遺伝学はメンデルに始まる。オーストリアの修道僧だったメンデルは、有名なエンドウの実験で、植物にはタネの形や鞘の色などを決める遺伝単位があり、親から子に一定の法則で伝わることを示した。これはその後の生命科学を変える歴史的な発見だったが、世の中にはなかなか受け入れられなかった。遺伝単位の実体がいったい何なのかもまだ謎に包まれていた。

メンデルの遺伝単位が染色体と結びつけられたのは二十世紀に入ってからのことだ。現在では、エンドウ豆の形を決めているのは遺伝子で、その本体はDNAであることがわかっている。DNAは細胞のなかに畳み込まれ、染色体を形づくる。生物のなかにはRNAを遺伝子の本体としているものもあるが、人間をはじめ、ほとんどの生物はDNAを遺伝子の本体としている。

ところで人間の身体の細胞は、次世代に伝わる細胞かどうかによって、大きく二種類に分けることができる。体の大部分を作っている体細胞と生殖細胞だ。生殖細胞とは生殖のための特別な役割を担う細胞のことで、卵子や精子をさす。

一方、染色体は、常染色体と性染色体の二種類に分けられる。常染色体は基本的に性別に関係のない染色体で、性染色体は性を決定する染色体だ。

私たちの体は二倍体だ、ということを聞いたことがあるだろう。どういう意味かというと、体細胞には同じ役目をもつ染色体が二組ずつ入っているということだ。対をなしている染色体には、同じ役割の遺伝子が同じ順番で並んでいる。このように対をなしている染色体同士を相同染色体と呼び、遺伝子を対立遺伝子と呼ぶ。

相同染色体の片方は母親から、もう片方は父親から受け継ぐ。だから、二つの染色体は何から何まで一緒なのではない。片方に目の色を決める遺伝子がのっていれば、もう片方の染色体の同じ場所にもやはり目の色を決める遺伝子がのっているが、一方は「青」を指定し、もう一方は「茶」を指定しているかもしれない。

人間の場合、ひとつの体細胞の核には全部で二二対の常染色体と一対の性染色体が入っている。性染色体にはXとYの二種類があり、XXの組み合わせなら女性に、XYなら男性になる。

一方、生殖細胞は一倍体で、染色体は一組ずつしか入っていない。生殖細胞が作られるときには、減数分裂と呼ばれる特別な細胞分裂が起き、染色体を一組ずつ細胞に振り分けるからだ。

遺伝子を「生命を作り出すための情報」としてみた場合、染色体のだぶりは必要ではなく、一組分の情報があれば十分だ。この染色体一組分をゲノムと呼ぶ。ゲノム（genome）というのは、遺伝子（gene）と染色体（chromosome）をつなげて作った言葉だ。つまりヒトゲノムとは、二二種類の常染色体と二種類の性染色体のもつ遺伝情報のことである（実は、細胞のミトコンドリアという小器官にも独自のDNAが存在するが、核のDNAがもつ遺伝情報の方が圧倒的に大きい）。

次に、染色体の中身を見てみよう。

染色体の主な構成物質は、遺伝子の本体であるDNA（デオキシリボ核酸）とヒストンと呼ばれる蛋白質だ。DNAが遺伝子の本体であることは、一九四四年にアベリーらが行った肺炎双球菌の実験によって明らかになった。ひとつの細菌からDNAを抽出して別の細菌に入れたところ、DNAをもらった細菌が初めの細菌の性質をもつようになったことからわかったのだ。
一九五三年、DNAが二重らせん構造をしていることをジェームズ・ワトソンとフランシス・クリックが発見したことによって、分子生物学が幕を開けた。ここからDNAがどのようにして自分のコピーを作るか、すなわちどうやって自己複製し、遺伝情報を世代を越えて伝えていくかを知るための重要なヒントが得られた。

生物の設計図ともいえる遺伝情報は、DNAの上に核酸塩基の暗号で書き込まれている。核酸塩基はA（アデニン）、T（チミン）、G（グアニン）、C（シトシン）の四種類で、このうちの三つの塩基の組み合わせが一つの遺伝暗号を成し、それぞれの遺伝暗号が一つのアミノ酸を指定している。

DNAの遺伝情報の流れには二つの方向がある。ひとつは自分自身をコピーして世代から世代へと情報を伝えていく自己複製の流れで、もうひとつは遺伝暗号で書かれた情報を、生命現象の基本である蛋白質へと変換する流れだ。まず、自己複製について簡単に説明することにしよう。

DNAの二重らせんは二本のDNA鎖がからみあった構造で、片方の鎖にAがあれば、それに対面するもう片方の鎖の部位には必ずT、GがあればCというように対をなしている。つまり、片方の鎖がATGCなら、もう片方の鎖は必ずTACGとなる。この構造のおかげで、二重らせんがほどけた一本鎖のDNAは、他方の鋳型となることができる。二重らせんがほどけて二本になると、それぞれの一本鎖を鋳型として対になるDNAの鎖が作られ、もとのDNAがコピーできる仕組みだ。

一方、遺伝情報を蛋白質に変換する仕組みだが、DNA上に書かれた遺伝暗号は、まずメッセンジャーRNA（mRNA、伝令RNA）に写し取られる。この過程を「転写」という。次にトランスファーRNA（tRNA、転移RNA）が、mRNAに写し取られた遺伝暗号に応じてアミノ酸を運んでくる。アミノ酸は次々と連なって蛋白質を構成する。これが「翻訳」の過程だ。生物の体のなかでは二〇種類のアミノ酸が遺伝暗号に従って合成されている。

生命現象の基本をなす物質はなんといっても蛋白質だ。一番わかりやすい例をあげると、体のなかで起きているさまざまな代謝反応を触媒している酵素は蛋白質でできている。遺伝暗号にちょっとした間違いがあって、酵素に必要なアミノ酸がうまく作られないと、代謝異常が起き、時には命にかかわる。

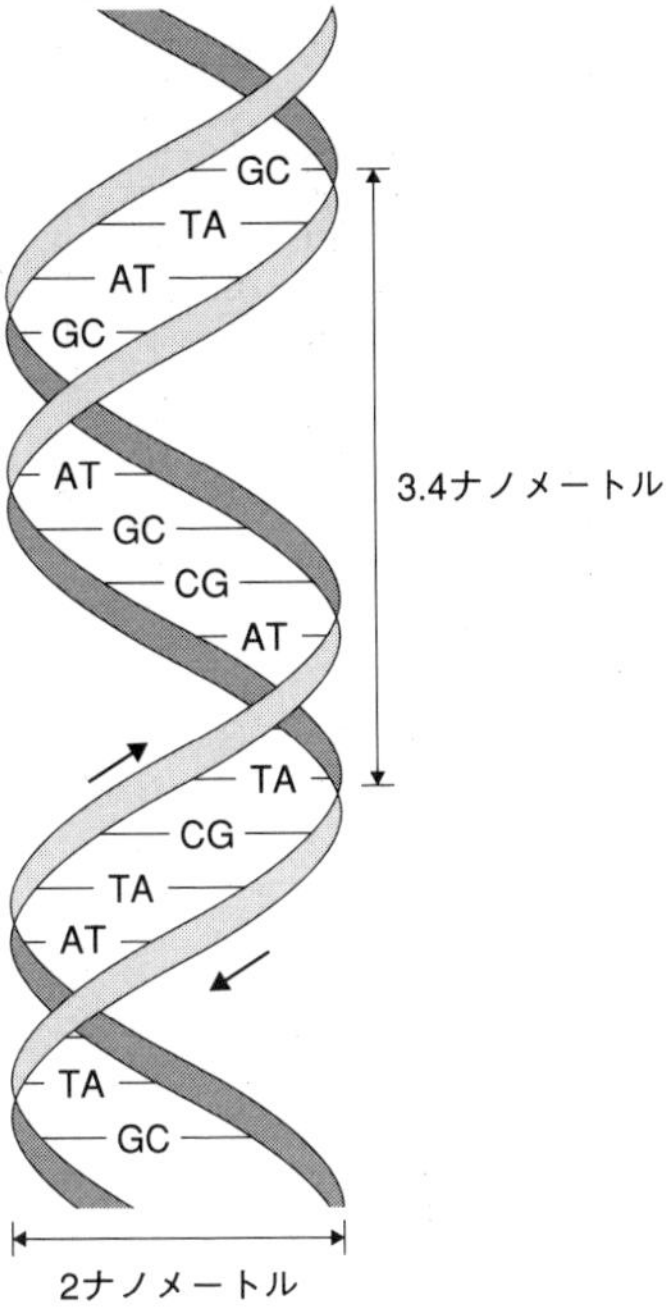

DNAの二重らせん構造の模式図
（1ナノメートルは100万分の1ミリメートル）

体細胞のＤＮＡで遺伝暗号のミスが生じたとすると、体細胞が分裂してＤＮＡがコピーされるときに遺伝暗号のミスも一緒にコピーされる。だがこのミスは、生殖細胞のＤＮＡにコピーされない限り、子供や孫に遺伝することはない。

ところが、生殖細胞に生じた遺伝暗号のミスは、やがて受精卵に伝わり、受精卵から生まれてくる子供の体細胞全体に伝えられる。それだけでなく、子供の生殖細胞にも伝えられていく。遺伝暗号のミスが病気を引き起こすミスだった場合には、これが遺伝性疾患となって、世代から世代へと受け継がれていくわけだ。

明らかになった遺伝性疾患は、インターネット上にカタログとして掲載され、そのリストは六〇〇〇種類、七〇〇〇種類と伸び続けている。

もちろん、遺伝子が左右するのは病気だけではない。性別を決定しているのも、皮膚の色や髪の毛の色を左右しているのも遺伝子だし、背の高さや体型にも関係しているはずだ。

少し乱暴な言い方をすれば、ヒトゲノム計画がめざすのは、これらの遺伝子をすべて解明することである。

「乱暴な言い方」と断ったのにはわけがある。ヒトゲノム計画の当初の目的は、専門的に述べると、少し違った言い方になるからだ。英語でいえば「Mapping and Sequencing the Human Genome」、つまり、ヒトゲノムを構成するすべての遺伝子やＤＮＡ断片が染色体上にどのような配列で並んでいるかを位置決めし、その塩基配列を決定する、というのが計画の最初のゴールである。その後に、遺伝子の働きの解明が続く。

実は遺伝子という言葉はかなり曖昧な使われ方をしている。しばしばＤＮＡと遺伝子は同義語として使われるが、ＤＮＡの上に遺伝子がぎっしり並んでいるわけではない。遺伝子といった場合には、通常、細胞内で蛋白質に翻訳されたり、翻訳の調節を行ったりと、意味のある情報を担うＤＮＡのことをさす。さらに、遺伝子のＤＮＡがｍＲＮＡに転写される段階で、イントロン（介在配列）と呼ばれる意味のない部分が抜け落ち、実際に意味のある遺伝暗号部分だけが残る現象もある。そして、このような意味のある情報をもったＤＮＡは、ヒトゲノム全体の数パーセントにしか満たない。残りは意味のはっきりしないＤＮＡ断片や繰り返し配列の集合ということになる。ネックレスにたとえれば、意味のはっきりしないＤＮＡが糸の部分で、ところどころに散りばめられたビーズが遺伝子といったところだろう。

だが、糸の部分に本当に意味がないかどうかはわからない。ヒトゲノム計画は、ヒトゲノムすべての解明をめざしており、遺伝子以外のＤＮＡ断片も例外ではない。

❏競争の始まり

ここで話を、一九八六年に戻すことにしよう。

和田が科学技術庁主催のシンポジウムで人間の全遺伝情報解読の可能性を公表したのとちょうど同じ三月、米国ニューメキシコ州のサンタフェでは、デリシーの発案でヒトゲノム解析計画に焦点を絞ったワークショップが開催されていた。

サンタフェは米国の先住民であるインディアンとスペイン支配の影響を今に残すエキゾチックな街で、芸術家が集まる米国内でも有数のトレンディースポットとして知られる。町の中心部から車で一時間ほどのところには原爆の開発で知られるDOEの三大核研究所のひとつ、ロスアラモス研究所がそびえている。

会議はロスアラモスの協力で開かれた。デリシーはこのワークショップの報告書を計画推進に役立ちそうな議員やDOEの局長らに届けると同時に、和田のところにも送った。

報告書を読んだ和田はとまどった。というのも、自分の提案が思わぬ波紋を広げていることを知ったからである。

和田の遺伝情報の自動解読計画を知った米国の科学者は、日本はヒトゲノム解読計画をめぐるライバルだ、と認識したようだった。このような見方は米国の権威ある科学論文誌「サイエンス」でも取り上げられた。

「なぜ、日本との競争という観点でヒトゲノム解読計画をとらえるのか、私には理解できない」。和田はデリシーへの返事のなかでこう書いた。

「現在のところ日本にはヒトDNA解読の国家プロジェクトはないし、予定もない。われわれがいっているのは、もし、国際的なDNA解析センターができれば、ヒトDNAの解読が可能になるということだ……。国際協力の重要性を強調したいし、私たち自身、他の国と協力したいと思っている。ヒトDNAの完全解読を世界で真っ先に成功させる手段として高速自動解析装置を開発しているのではない。高速自動解析装置を開発しているのは、第一に、DNAを手作業で解析する時間をもっと創造的な作業に使うべきだと思うからだ。第二にこのような作業は自動化に向いている。DNAの解読は地図作りのようなものであり、興味のある部分を興味のある研究者が解読するという作業は、もっと組織化し、一般化するべきだ」。

和田は一九八六年末から八七年一月にかけて米国を訪問し、国際的なDNAの塩基配列解読計画の重要性を説いて回った。八七年七月、和田が主催して岡山市で開いた国際ワークショップ・林原フォーラム「高速・自動DNA解析」でも、和田は国際協力の重要性を強調した。

この国際シンポジウムには、塩基配列の解読法の開発でノーベル化学賞を受賞したハーバード大学のウォルター・ギルバート、遺伝子分析の基本技術であるサザンブロット法で知られるオックスフォード大学のエドワード・M・サザン、カリフォルニア工科大学のリロイ・フッドらが招かれた。日本からは和田をはじめ、東京大学（当時は九州大学）の榊佳之、慶応大学の清水信義、国立遺伝学研究所（当時は名古屋大学）の小原雄治、日立製作所の神原秀記ら、遺伝子解析に関わりの深い人々が顔を並べた。いずれも現在、ゲノムの世界で活躍している人々だ。

確かに、ヒトゲノム解析計画を推進しようという気運は日本国内でも高まりをみせ始めていた。

科学技術庁は一九八七年三月、長官の諮問機関である航空・電子等技術審議会にヒトゲノム計画について諮問し、審議会は八八年六月、「ヒト遺伝子解析に関する総合的な研究開発の推進方策について」という答申をまとめている。

一九八九年七月には文部大臣の諮問機関である学術審議会が、十月には学者の国会である日本学術会議が計画推進を打ち出した。

しかし、日本に先を越されるのではないかという米国の懸念とは裏腹に、予算の裏付けはなく、国家プロジェクトとして実際に推進していこうとする動きは弱かった。しかも、研究者のあいだからは「本当にヒトゲノム計画には意義があるのか」といった疑問の声さえあがっていた。

❏日本ただ乗り論

一九八九年十二月、仙台市で開かれた第十二回日本分子生物学会年会には、いつもの年会には見られない特別プログラムが組み込まれていた。研究発表を主体とした通常の学術発表とは主旨が異なるため、年会三日目の学術講演が終わった夜、市内のホテルに特別の会場が設けられた。「ヒトゲノム計画の説明と討論」と題したこの特別プログラムは、この年に発足した日本分子生物学会将来計画委員会が企画したものだった。

本来なら繁華街に繰り出して食事をしながらグラスを傾ける時間であったにもかかわらず、会場には続々と研究者が集まってきた。

分子生物学会は、発足してからさほど年数の経っていない若い学会だ。このため、会員が溢れるベテランの学会に比べ、若々しい議論を得意としていた。学術発表でも、教授の研究発表に対して、若い助手クラスの研究者が容赦のない批判を浴びせる風景が見られた。一部の学会で聞かれるような「先生のご立派なご研究について聞かせていただき、大変ありがとうございました」などという、上っ面の社交辞令を聞かずにすむ、気持ちのいい学会のひとつだった。

それだけに、この日の議論には期待がもてた。

特別プログラムの冒頭、大阪大学細胞工学センターの教授だった松原謙一がヒトゲノム計画の現状と将来計画を説明した。「ヒトゲノム解析計画は生物学研究者のボイジャー計画のようなものだ」。松原はヒトゲノム計画を米国の宇宙探査計画になぞらえ、将来に向けての夢を語った。

松原は一九八八年九月、ヒトゲノム計画推進のための国際機関であるＨＵＧＯ（Human Genome Organization）の副会長に就任したのをきっかけに、日本のヒトゲノム計画を率いてきたリーダーである。もとはといえば、肝炎ウイルスや肝がんの発生メカニズムなどの研究で知られる基礎医学の研究者だ。

ＨＵＧＯは八八年四月末に発足した世界の科学者の集まりで、初代会長には世界的な遺伝病の権威であるビクター・マキュージックが就任した。副会長には松原以外に英国の遺伝学者であるサー・ウォルター・ボドマー、ソ連科学アカデミーのミルザベコフが就任した。

この日、仙台の会場で松原が強調したのは、このまま日本が手をこまねいていたら「ただ乗り」の批判を浴びることになる、という点だった。「日本がどの程度コントリビュート（貢献）するか、常に迫られると思う」と松原は述べた。

この「ただ乗り」批判は、フランシス・クリックと共にDNAの二重らせんを発見した功績でノーベル医学生理学賞を受賞したジェームズ・ワトソンが言い出したものだ。ワトソンは、分子生物学の発展に寄与した偉大な科学者として知られるだけでなく、一癖ある人物としても世界に名を馳せている。そのワトソンが「このプロジェクトに貢献しない国には、成果も利用させない」と声高に宣言していた。

会議が終わるのを待たずに、松原は厚手のコートに身を包み、スーツケースを抱えて会場を後にした。ワシントンで開催されるＨＵＧＯの会議に出席するためだった。

松原の手元には、この年の夏にワトソンから舞い込んだ一通の手紙があった。このなかでワトソンは、米国の基礎研究にただ乗りはさせない、とかなり厳しい調子で訴えていた。

確かに日本は国際的な対応をしてこなかったかもしれない。だが、ワトソンはいったいどんなデータにもとづいて、日本が努力を怠っていると決めつけるのか。松原は釈然としない思いを抱えていた。

「ジャパン・バッシング」とも受け取れるワトソンの手紙は、米科学誌「サイエンス」にも取り上げられ、公然のものとなった。

❏日本のゲノム計画

松原が抱える問題は国内にもあった。いったいこのプロジェクトを進めることが、本当に日本の科学の発展にとって望ましいことなのかという本質的な疑問にけりがついていなかったからだ。なぜそんなことが問題になるかといえば、ヒトゲノム計画がそれまでの生物学の手法とは根本的に異なる側面を抱えていたからだ。

他の多くのサイエンスに共通のことだが、生物学も自分たちが興味をもっている対象に最初から的を絞って、とことん追いつめることをめざしている。そのねらった対象をめぐって世界の研究者を相手に競争を繰り広げるのである。

ところが、ヒトゲノム計画は違う。松原が宇宙開発計画にたとえたことが端的に示しているように、共通の大きな目標に向かって役割分担をしようという戦略を含んでいる。しかも、当初は、二度手間を避けるために最初から染色体を各国の研究室に割り振って、割り当てられた染色体だけを集中的に解析するという提案もあった。そうなると、研究室の手足でもある若手研究者は自分の身に何がふりかかってくるか、当然のことながら気にかけざるを得ない。

「プロジェクトを進めるには、競争を避けて役割分担し、効率をあげてこそ効果がある。その場合に興味のない染色体の場所を解析しなくてはならなくなるのではないだろうか」「サイエンティストとしては、最初からテーマが決まっている研究には興味がない」。分子生物学会の特別セッションでは若手の研究者から、こんな疑問の声があがった。「労働力となるのは自分たちだ」という率直な不安の声も聞かれた。

さらに、ヒト以外の生物を対象としている研究者や、プロジェクトに直接関係ない分野の研究者には別の心配があった。会場からは「このプロジェクトが他の生物学の分野の予算を圧迫しないということを、どこかに明記してほしい」と迫る声さえ出た。

前にも述べたように、この年の七月には、文部大臣の諮問機関である学術審議会が「大学等におけるヒト・ゲノムプログラムの推進について」と題した建議をまとめ、発表していた。このなかで、ヒトゲノム計画を「十年以上の期間と多額の経費を必要とする大規模なもの」と位置づけ、「当面二年程度の準備研究を早急に開始することが必要だ」と提案した。これを受けて文部省は二年間で約六億円の科学研究補助金を準備研究に当てることを決め、松原らが準備研究をスタートさせたところだった。

一方、学者の国会である学術会議は、これに先立つ八九年五月に生命科学と生命工学特別委員会が「ヒトゲノム推進について」と題した報告書をまとめている。これに対し、英国の科学誌「ネイチャー」は「米国では数年前、日本がヒトゲノム計画でリードを奪うのではないかと懸念されたが、未だに委員会報告の段階であって、先に進むのは難しい。省庁間の共同研究も競合関係があるために容易ではないだろう」とコメントした。

結局、日本のヒトゲノム計画は、文部省が二年間の準備期間を経た後に、通常の科学研究費補助金（いわゆる科研費）とは別枠の新プログラムとして予算化され、他の科学分野を圧迫しないという条件で九一年度からスタートした。

九一年度から九五年度を第一期とし、（1）ヒトゲノムの構造解析、（2）遺伝子機能の解析、（3）DNA解析のための技術開発、（4）実験生物ゲノムの解析、（5）生物情報科学の確立、が五本の柱として設定された。これを実現するため、創成的基礎研究費「ヒトゲノム解析研究」、重点領域研究「ゲノム解析に伴う大量知識情報処理の研究」が予算化され、研究推進の拠点として東京大学医科学研究所にヒトゲノム解析センターが開設された。

また、科学技術庁では八八年に航空電子等技術審議会が答申した「ヒト遺伝子技術に関する総合的な研究開発の推進方策について」を受けて、理化学研究所で塩基配列解読技術の研究を開始した。これと並行して九一年度から「ヒト遺伝子地図作製技術の開発に関する研究」を開始し、染色体二十一番、十一番などに焦点をあわせてゲノム地図づくりに着手した。

一方、米国では、一九八九年度に四七〇〇万ドルの予算がこのプロジェクトに対して認められていた。同じ年には、ノーベル賞受賞者のジェームズ・ワトソンを所長とする国立ヒトゲノム研究センターをNIHに設立した。さらに九〇年四月には、NIHとDOEが共同でまとめた「私たちの遺伝を理解する――米国ヒトゲノムプロジェクト」と題する第一次五カ年計画を公表した。計画はNIHとDOEを車の両輪に進められ、一九九二年にはNIHとDOEを合わせたゲノム予算は合計約一億六〇〇〇万ドルに達した。九五年からはさらに予算は上向いている。

一九九三年には五カ年計画の改訂版（一九九四～九八）が出され、当初の予定よりも計画が前倒しで進んでいることを示した。

一九九八年になると企業と公的な国家プロジェクトの競争が表面化し、解析計画はさらに加速していくことになる。

❑各国の参加

ゲノム計画は米国と日本のあいだにとどまっていたわけではない。米国に続いてゲノム計画を国家プロジェクトとして立ち上げたのはイタリアだった。イタリアを母国とし、がんの分子生物学でノーベル賞を受賞しているレナート・ダルベッコが、人のDNAの塩基配列解読の重要性にいち早く気づき、「サイエンス」誌上に意見を発表したのがきっかけだった。

イタリアは一九八七年にパイロット・プロジェクトを立ち上げ、X染色体の長腕の末端部分の解析に的を絞った。この部分にはイタリアに多い遺伝性貧血の遺伝子がのっていた。

続いて英国では医学研究審議会（MRC）が独自にゲノム研究をスタートさせた。一九八九年には国家予算が拠出され、三年間計画として国家的なゲノム計画がスタートした。興味のある領域に的をしぼった遺伝子地図作りや遺伝子解析の自動化などに力を注ぎ、マウスや線虫をモデル動物とした遺伝子解析にも焦点を合わせた。

英国はなんといっても伝統的に分子遺伝学に強い国である。当初は米国のゲノム計画に比べて地味な印象がぬぐえなかったが、ウェルカム・トラスト財団などから資金が投入されるようになり、一九九三年にはDNA塩基配列決定の先駆者であるフレデリック・サンガーの名を冠したサンガー・センターが設立された。このセンターはやがて遺伝暗号解読の拠点となっていく。

フランスはゲノム研究には独特の役割を果たした。この国にはノーベル賞学者のジャン・ドゥセーが設立したヒト多型研究センター（CEPH）があり、ここを核として遺伝子地図作りが進められた。ドゥセーは個人の資産を投じて、研究のために集めた家系の細胞株を世界の研究者が共有できるシステムとしてCEPHを作った。ドゥセーは米国で樹立された大家系の細胞株も提供してもらい、地図作りのシステムを整備した。世界中の研究者に細胞株を提供する代わりに、研究者は遺伝子についてわかったことや新しく発見されたマーカーについて情報を送り返さなくてはならないというシステムだ。

これらの情報を統合し、CEPHでは遺伝子地図作りが進められた。さらに、フランスの患者団体である筋ジストロフィー協会がこのプロジェクトに意欲を示し、テレビ番組を利用して多額の基金を集め、研究に提供した。CEPHとフランス筋ジストロフィー協会はこの資金を元に、遺伝子解析を効率的に行う民間機関として一九九〇年にジェネトンを設立した。

ゲノム計画の進展を日本で取材していても、ある時、彗星のごとくCEPHとジェネトンの名前がゲノム研究の世界に現れ、一世を風靡したという印象があった。その業績は遺伝子地図作りに関するもので、言いかえれば遺伝子探しに欠かせない「道具」を世界の研究者に提供したことになる。

これらの国々と一線を画したのは、ナチスの優生学と人種政策の教訓をもつドイツである。この国のゲノム計画は非常に慎重に進められたといっていいだろう。ゲノム計画を国家プロジェクトとして進めようとする科学者の計画はほとんど却下された。

しかし、ゲノム計画にまったく関係していないということはもちろんない。古都ハイデルベルグの高台にある欧州分子生物学研究所（ＥＭＢＬ）は計画の当初からゲノムデータベースの国際的拠点であり、塩基配列解読のための技術開発も精力的に進められてきた。ゲノムの情報補処理から生まれた新しい学問、ゲノム・インフォーマティクスの拠点のひとつでもある。

❑民間企業の挑戦

和田が構想したヒトゲノムの塩基配列読みとりの自動化計画は、微妙な経過をたどった。いくつかのできごとによって、和田は計画のリーダーを退くことになった。

自動解読装置の開発プロジェクトは理化学研究所で続けられ、一九九一年六月には「世界で初めて自動解析システムが完成した」という発表も行われた。しかし、この装置は端的にいえば、失敗だった。理化学研究所はその後も開発を続けているが、その間にＤＮＡ自動解析装置の市場は、米国のパーキンエルマー社に制覇されていった。

ゲノム計画が本格的に始まってから五年以上が経過すると、研究はある意味で定常状態に入り、計画の言いだしっぺが誰であったかは、ほとんど問題にならなくなった。国家間の競争の意味合いは薄れ、国際協力が定着した。この間に「ゲノム」という聞き慣れない言葉は、一定の市民権を得たといえるだろう。ある時期からゲノム計画は淡々と進むようになり、新聞の見出しでこの言葉を見かけることはめずらしくなった。しかし、その背後ではすでに「ポスト・ゲノム（ゲノム解析以降）」という言葉がささやかれ始めていた。

そして日本はといえば、確固とした国家プロジェクトの裏付けがないままに、ずるずると米英に水をあけられていくしかなかった。それにもかかわらず、危機感は限られた人々のあいだにとどまっていたといえるだろう。

その定常状態に一石を投じ、大きな波紋を広げたのが、冒頭で紹介した米国のクレイグ・ベンターとパーキンエルマー社だった。

一九九八年五月にパーキンエルマー社とベンターが設立した新しいゲノム会社は「セレラ・ジノミックス社」と名付けられ、設立直後から着々とヒトゲノムの解析データを出し続けている。

一九九九年の春には、その解析力を見せつけるかのように「イネのゲノムを六週間で解読してみせる」と発言し、十年かけてイネゲノムを解読しようと計画していた日本の農林水産省をあわてさせた。同じ年の九月には、キイロショウジョウバエのゲノムの暗号解読をほぼ終えたと発表した。

ショウジョウバエ・ゲノムの解析は、「全ゲノムショットガン」と呼ばれる手法で暗号解読を進めるセレラが、同じ方法で全ヒトゲノムを解析できるかどうかの試金石といわれていたプロジェクトだった。国際的なヒトゲノム計画とは異なる手法に疑問を投げかける研究者もいるが、ショウジョウバエの成功が見えたことによって、セレラはますます自信を深めたようだ。

もちろん、セレラに対抗するNIHとサンガー・センターも精力的に解読を進めている。一時は、日本やフランス、ドイツ、カナダなど、ヒトゲノム計画のパートナーを置き去りにしてまで対抗措置に出ようとしたかにみえた米英だが、その後、改めて国際協力を確認しあった。

二〇〇〇年六月には国際的ヒトゲノム計画がヒトゲノムの九〇パーセントをカバーするおおまかな解読を終えたと発表した。米国ではクリントン大統領がセレラのベンターを混じえて記者会見を開き、「和解」を強調する一幕もあった。

しかし、まだ楽観は許されない。

もし、セレラにほとんどの遺伝子の特許を握られてしまったら、二十一世紀の医薬品産業は彼らの手に落ちることになるだろう。遺伝子解析は、再び大きな分岐点にさしかかったのだ。

2章 病気の遺伝子をつきとめる

❏ハンチントン病

ブロンドの長い髪をたなびかせた女性が、裸の子供を抱きあげて微笑んでいる。強い意志と強情さがくっきりと現れた大きな瞳。

この写真を目にしたのがどこだったか、はっきり思い出せないが、遺伝病の原因遺伝子探しと聞くと、写真のなかの二人の姿が鮮やかに思い浮かぶ。この女性とは日本で開催された国際会議で顔を合わせたことがあるにもかかわらず、頭に焼き付いているのは写真のイメージだ。

裸の子供は彼女自身の子供ではない。それどころか同じ人種でさえない。しかし、ひとつの遺伝子が二人のあいだを分かちがたく結びつけている。

中年期になって発病し、徐々に神経と精神を犯されていく遺伝性疾患、ハンチントン病の遺伝子である。

ナンシー・ウェクスラーは、遺伝子と病気の関係について研究している人なら知らない人はいない人物である。一九六八年、心理学者の卵だった二十二歳のウェクスラーは自分の母親がハンチントン病に犯されていることを知った。それは、母親自身にとってだけでなく、ナンシーとその姉であるアリスにとっても衝撃的な話だった。

ハンチントン病にかかった患者は、自らの意志とは無関係に体のさまざまな部分がけいれんしたり、動くようになる。通常発病は四十歳前後で、進行すると精神障害や痴呆症状も現れる。多くの場合、発病から十年から二十年で死亡する。

一八七二年にジョージ・ハンチントンがこの病気について報告し、一般に認められるようになった。発病の頻度には地域差や人種差があり、日本人の場合は人口百万人に一人から四人、欧米人の場合には三〇人から八〇人といわれる。

ある遺伝性疾患がひとつの遺伝子の故障で起きる場合には、その遺伝性疾患を「単一遺伝子病」と呼ぶ。単一遺伝子病の遺伝形式は、常染色体優性、常染色体劣性、X連鎖優性、X連鎖劣性に大きく分けられる。

そして、ハンチントン病の遺伝のしかたは常染色体優性に従っていた。

常染色体優性の遺伝病は、疾患の原因が性染色体ではなく、常染色体に存在している。母親と父親からひとつずつ受け継いだ対立遺伝子のどちらか片方に病気の原因となる故障があるだけで発病する。残っている正常な遺伝子の働きを、病気の遺伝子がしのいでしまうのだ。

これが常染色体劣性だと、両親の双方から原因遺伝子の変異を受け継いだときに発病し、片方からだけ受け継いだ場合は発病しない保因者（キャリア）となる。言いかえれば、正常なもうひとつの遺伝子が発病から身を守ってくれる。

X連鎖は原因となる遺伝子が性染色体のX染色体に存在する場合の遺伝形式で、女性と男性のあいだで発病のしかたが異なる。女性は性染色体がXXで、Xが二本あるためX染色体の片方に劣性の疾患遺伝子が存在しても、もう片方が正常であれば発病を免れる。

ところが、性染色体がXYである男性はX染色体がひとつしかないため、正常な遺伝子で補完することができず、劣性の疾患遺伝子によって発病してしまう。X連鎖優性の場合は女性であるか男性であるかにかかわらず発病する。

ハンチントン病が常染色体優性であるということは、原因となる遺伝子が常染色体の上にのっていて、親からこの遺伝子の故障を一個でも受け継いだ人は発病するということを意味する。

実は、故障した原因遺伝子をもっているということと、発病とのあいだにはもうワン・クッションある。どの遺伝形式をとるにせよ、原因遺伝子を受け継いだ人が百パーセント発病するとは限らないからだ。

原因遺伝子を受け継いだ人の何割が発病するかを浸透率（penetrance）といい、病気によって異なる。

ハンチントン病の場合はこの浸透率が約百パーセントに達する。ということは、遺伝子の故障を受け継いだ人はほぼ確実に発病することを意味する。両親のどちらかが発病していれば、遺伝子の故障を受け継ぐ確率は二分の一。自分が発病する確率も五〇パーセントとなる。

ナンシー・ウェクスラーの運命は、まさに五分五分だった。

ハンチントン病のもうひとつの大きな特徴は、発病年齢が遅いことである。かなりばらつきはあるものの、九割が二十歳から六十歳のあいだに発病し、四十歳までに発病する人が全体の半数を占める。発病するまでは精神も肉体も全く健康で、他の人となんら変わることはない。遺伝子は眠ったまま数十年を過ごし、突然目を覚ます。

だからこそ、この病気には悩みがつきまとう。

子供を作るのは、自分が眠れる遺伝子をもっているかどうか定かでない時期にあたる。その子供が十代、二十代に入ったあとで、遺伝子に突然スイッチが入り、発病する。この時すでに、五分五分の確率でハンチントン病の遺伝子はその子供に受け継がれている。

自分の親の発病を目の当たりにした子供は、その運命にどう立ち向かえばいいのか。

ナンシー・ウェクスラーはだまって待つつもりはなかった。自分の細胞にも潜んでいるかもしれない〝殺人〟遺伝子を探し出し、治療法を見つけようと決心した。一九七九年、遺伝子探しにめどがついたところで、猛然とアタックを開始した。そのとっかかりとなったのが、写真に写っている男の子が属しているベネズエラの大家系だった。

❏大家系の分析

ウェクスラーが探し当てたハンチントン病の大家系は、マラカイボ湖に住んでいた。ヨーロッパから交易に訪れた船乗りがこの遺伝子を置き土産にしたといわれるが、真偽のほどは定かでない。限られた地域に親族が集まって住んでいるために、病気の遺伝子が集積したと考えられている。

一九八一年になるとウェクスラーはこの大家系に協力してもらい、マサチューセッツ州にあるボストン総合病院のグゼラと組んで、本格的な遺伝子探しを始めた。彼らがはじめに使った方法は連鎖解析と呼ばれる。

遺伝性疾患の原因を探す場合、かつては、病気によって体内で作られる異常な蛋白質を手がかりに、その蛋白質を作る遺伝子を探すという手法がとられていた。このようにして発見された病気の遺伝子には、フェニルケトン尿症やサラセミア（重症の貧血症）の遺伝子などがある。

しかし、家系内で遺伝していることはわかっても原因遺伝子が染色体上のどこにあるのか、まったく手がかりがない遺伝性疾患のほうが圧倒的に多い。そのような場合に遺伝子を追いつめる方法は時代に応じて変遷してきたが、当時威力を発揮したのがＲＦＬＰと呼ばれるＤＮＡマーカーを使った連鎖解析である。

　連鎖解析の基本にあるのは、細胞が減数分裂して卵子や精子を作るときに起きる「遺伝的組み換え」（または単に「組み換え」）という現象である。

　減数分裂をする前の細胞のなかには、母親と父親から二三本ずつもらった染色体が相同染色体として対をなしている。これが減数分裂して卵子や精子を作る場合には、染色体の数が半減するが、この時に、母親から来た染色体か、父親から来た染色体のどちらか一方だけがそっくりそのまま残るとしたらどうなるだろうか。母親からのものであれば、父親から来た要素はそこで立ち消えることになる。

　ところが、自然はそうはできていない。まず減数分裂の第一段階で、母親由来の染色体と父親由来の染色体の、どちらの染色体を選ぶかによってさまざまな組み合わせが生まれる。精子形成について考えると、染色体一番を母親のものにするか父親のものにするかで二通り、染色体二番から二十二番についても同様に二通りずつあり、性染色体のXを選ぶか、Yを選ぶかで二通りあるので、全部で2^{23}（八四〇万）通りの組み合わせがある。それだけではなく、減数分裂の際には、母親由来と父親由来の相同染色体同士のあいだでDNAがシャッフルされ、一部が組み変わる。これが遺伝的組み換えと呼ばれる現象だ。

　組み換えは、人間の多様性や進化にとって非常に重要な役割を担っている。一人の人間が二人の親の遺伝情報を受け継いだものであるにもかかわらず、それまでに存在したことのないまったく新しい遺伝情報の組み合わせをもつユニークな人間となるのはそのためである。同じ両親から生まれた兄弟姉妹がそれぞれユニークなのも同じ理由による。

組み換えの結果、同じ染色体にのっていた遺伝子が離ればなれになるケースがでてくる。離ればなれになる確率は、二つの遺伝子の距離が遠いほど大きい。逆に二つの遺伝子の距離が近ければ近いほど、二つの遺伝子がいっしょになって動き、いっしょに子孫に伝わる確率が高くなる。この現象が連鎖解析に利用される。

もうひとつ、連鎖解析に利用されるのはDNAの多型（polymorphism）である。1章で述べたように、染色体の同じ位置にのっている同じ性質を決める遺伝子でも、人によって少しずつ違いがある。同じ目の色を決める遺伝子でも、茶色の目を作るのか、青い目を作るのかが異なるのは、目の色の遺伝子に多型があるからだし、お馴染みの血液型も典型的な多型の例だ。

仮に、遺伝性疾患が多発する家系を調べたときに、病気の人の血液型がB型とAB型ばかりで、A型やO型の人に患者がいなかったとしよう。この場合、病気の原因遺伝子は血液型の遺伝子のすぐそばに存在し、B型の遺伝子といっしょに故障した遺伝子が受け継がれている、と解釈することができる。血液型の遺伝子の場所がわかっていれば、病気の原因遺伝子の場所はその近くだとわかる。

しかし、血液型や目の色のように性質がはっきり表に現れる遺伝子のそばに病気の遺伝子が存在するのはごく希で、病気の原因となるような遺伝子は染色体のあちこちに散らばっている。そこで、多型を示すDNA断片（多型マーカー）が、染色体のあちこちに必要となる。

❏巨大な原因遺伝子

ウェクスラーのチームは、ハンチントン病が多発しているベネズエラの大家系のメンバーの血液を採取してはマサチューセッツ総合病院へと運んだ。これをグゼラのチームが受け取り、多型マーカーを使って連鎖解析した。

まず彼らが行ったのは、DNAを抽出し、制限酵素を使ってばらばらの断片にする作業である。制限酵素はDNAのなかの特定の塩基配列を見分けてそこを切断する性質がある。切断する塩基配列は制限酵素の種類によって異なる。

もし二本の染色体のDNAの塩基配列がまったく等しければ、どのような制限酵素を使っても、切断した後のDNA断片の長さは二本のあいだで等しくなる。しかし、DNAには多型がある。制限酵素が多型の部分を切断すれば、染色体のあいだでDNAの切れ方に違いが生じる。この際に、切断箇所の近くにDNAマーカーを見つけておけば、DNA断片の長さによってある人がどの遺伝子型をもっているかを見分けることができる。これをRFLPマーカーと呼ぶ。

RFLPマーカーによってタイプ分けされた多型のうち、ある特定の型の人だけが家系のなかでハンチントン病を発病していることがわかれば、当たりだ。ハンチントン病の遺伝子は、このRFLP

マーカーの近くに存在することになる。

制限酵素とマーカーの組み合わせは何通りもあるが、グゼラのチームは幸運だった。連鎖解析を本格的に始めてからわずか三年のあいだに、原因遺伝子が第四染色体短腕に存在することを突き止めたのだ。

さらに地道な解析を重ね、一九九三年三月には原因遺伝子そのものの発見に成功した。この栄誉は米国と英国の六グループのあいだで分かちあわれ、米国の論文誌「セル」に発表された。この論文にはなんと、五八人の名前が連なっている。

突き止められたハンチントン病の遺伝子は、予想外に巨大だった。異常は遺伝子の一番端に存在した。人間の遺伝子のなかには、同じ塩基配列が繰り返し現れる領域がある。ハンチントン病の遺伝子の一番端にはＣＡＧの繰り返し配列が存在し、健康な人とハンチントン病の患者で、繰り返し数がちがった。健康な人は二〇回前後におさまっていたのに、ハンチントン病の患者は四〇回から百回と繰り返し数が異常に長かったのだ。

このような三塩基の繰り返し配列はトリプレット・リピートと呼ばれる。トリプレット・リピートの異常は、ハンチントン病以外にも、主に男の子に知的障害を引き起こす脆弱Ｘ症候群や、脊髄小脳変性症の原因として知られている。不思議なことに、神経変性疾患にばかり集中して見られる。

しかし、なぜこのような繰り返し配列の延長が神経を変性させるのかはわからない。したがって、治療法を発見したいというウェクスラーの願いはまだかなえられていない。その一方で、ハンチントン病の遺伝子診断は可能になった。このことには非常に重要な意味が含まれているが、その話は次の章に譲ることにして、なじみの深い病気の遺伝子探しへと話をすすめることにする。

❏がんは遺伝するか

豊島区上池袋にある財団法人癌研究会が創設されたのは、明治四十一年のことである。昭和九年には癌研究所と付属病院が併設され、現在に至るまでがん治療と研究に力を注いでいる。

六十年以上の歴史を誇る病院の裏手に癌化学療法センターがある。その敷地の一角に、いかにも急作りといった印象のクリーム色の真四角な建物が立っている。狭い階段をのぼっていくと、コピーマシンや実験装置が狭い室内からあふれ出しているのにぶつかる。その奥に三木義男の職場がある。

穏和な物腰で、もの柔らかな関西弁をしゃべる三木は、日本では「有名人」とはいえないだろう。だが、国際的な分子遺伝学の世界では、ほとんどの人が「Miki」の名前を目にすれば「そういえば」と思い当たるのではないだろうか。

一九九四年十月七日号の「サイエンス」誌は「乳がん・卵巣がんにかかりやすい遺伝子ＢＲＣＡ１の強力な候補」と題する論文を掲載した。世界の研究者が待ち望んできた成果で、ニュースはマスメディアにのって、あっという間に広がっていった。

この論文の筆頭筆者がMikiである。当時留学していたユタ大学での成果だった。

「がんは遺伝するか」という一般的な問いに、一言で答えるのは難しい。だが、がんに遺伝子が関係していることは間違いない。また遺伝するがんがあることも確かである。

三木のグループが発見したのは、こうした遺伝性の乳がん・卵巣がんの家系の人々に伝わる遺伝子の変異である。つまり、染色体十七番上にあるBRCA1と呼ばれる遺伝子の故障が、家系に伝わるがんの原因だったというのである。

米国では、八人に一人の女性が九十五歳になるまでのあいだに乳がんにかかるといわれる。遺伝性と考えられるのはそのうちの五パーセントである。ただし、三十歳までに発病するような若年性の乳がんの場合、それが遺伝性である割合は二五パーセントにものぼる。

つまり、遺伝性の乳がんは決してめずらしいとはいえないのだ。それだけに、BRCA1遺伝子のハンティング競争は熾烈をきわめた。

「そうですね」と三木は指を折り、当時、遺伝性乳がんの遺伝子ハンティングに参加していた研究チームの名前を数えた。「私たちを含めて少なくとも五チームはねらっていたでしょうか」。

三木のチームを率いるユタ大学のマーク・スコルニク、カリフォルニア大学バークレー校のマリークレア・キング、ミシガン大学のフランシス・コリンズ、英国のサー・ウォルター・ボドマー、留学先の米国から帰国して癌研究会癌研究所にいた中村祐輔。いずれもこの世界では名の通った遺伝子ハンターたちである。

なかでもキングのチームは原因遺伝子が第十七番染色体の長腕のどこかに存在することを突き止めるという成果をあげており、本命だったといってよいだろう。彼らが率いる五チームがレースに参加し、互いの動向を探りながら遺伝子を突き止めようとしていた。初めのうちは情報交換をしていたのに、ある時から、どちらからともなく連絡が途絶えたチームもあった。

❏がん遺伝子とがん抑制遺伝子

ＢＲＣＡ１の話を進める前に、まず、がんと遺伝子の一般的な関係を簡単に整理しておくことにしよう。

私たちの体を作っている細胞は、非常に精密なコントロールの元におかれている。皮膚の細胞や血球を作る骨髄細胞のように、分裂を繰り返している細胞もあれば、神経細胞のようにほとんど分裂も増殖もしない細胞もある。

ところが、このコントロールがはずれたために、ひとつの細胞が無制限に増殖してしまうことがある。増殖し続ける細胞の固まりは、しだいに正常な臓器を冒していく。

これが「がん」の正体である。

正常な細胞の増殖をコントロールしているのは、遺伝子である。すなわちがんは、細胞の増殖をコントロールしている遺伝子の異常によって起きる「遺伝子の病気」だというのが、最新の分子遺伝学の解釈である。

細胞の増殖をコントロールしている遺伝子は、大きく分けて二つある。ひとつが「がん遺伝子」、もうひとつが「がん抑制遺伝子」と呼ばれる一群の遺伝子である。

名前の響きからは「がん遺伝子」はがんを作る遺伝子で、「がん抑制遺伝子」はがんを抑える遺伝子のように聞こえるかもしれないが、そうではない。

どちらも、遺伝子に傷（変異）がなく正常であれば、細胞の増殖をコントロールし、発がんを抑えている遺伝子である。

違いのひとつは、正常な「がん遺伝子」が細胞の分裂を促す働きを持っているのに対し、正常な「がん抑制遺伝子」は細胞分裂を止めたり、異常な細胞を自滅させたりする働きを担っている点だ。

さらにもうひとつ違うのは、「がん遺伝子」は二つある対立遺伝子の片方がこわれただけでも発がんに結びつくが、「がん抑制遺伝子」は対立遺伝子の両方に異常が生じたときに発がんに結びつく点である。

「がん遺伝子」は最初に、ニワトリなどにがんを作るウイルスの遺伝子として発見された。その後、人間にも同様のがん遺伝子が存在することが明らかになり、急速に研究が進んだ。

「がん抑制遺伝子」は、「がん遺伝子」よりもあとから発見された遺伝子で、遺伝性の子供の目の腫瘍である網膜芽細胞腫を研究していたクヌドゥソンの「トゥー・ヒット（two hit）仮説」からこのような遺伝子が存在するという考え方が出てきた。遺伝性の網膜芽細胞腫の患者は、両親から受け継いだ一対の遺伝子の片方に一番目のヒット、すなわち遺伝子変異を生まれつきもっている。その後、環境から二番目のヒットを受けて対立遺伝子の両方に変異が生じると、発がんするという考えである。

がん遺伝子はすでに百種類近く発見されている。代表的なものに **ras** ファミリーや **erbB** ファミリー、**myc** ファミリーなどがある。その正常型は、細胞内の情報伝達に必要な蛋白質や、細胞増殖因子の受容体、核内の蛋白質の転写因子を作る働きがある。がん遺伝子に変異が生じると、細胞の増殖がどんどん速まってしまう。

がん抑制遺伝子のほうはクヌドゥソンの網膜芽細胞腫の遺伝子（RB1）の発見が第一号で、その後、子供の腎臓にできるウィルムス腫瘍の遺伝子（WT1）、家族性大腸ポリポーシスの遺伝子（APC）、複数のがんに関わるp53遺伝子などが相次いで発見された。これらの遺伝子の正常型は細胞の増殖を止める働きを担っている。

これらのことから、がん遺伝子をアクセルに、がん抑制遺伝子をブレーキにたとえる専門家もいる。がん遺伝子の故障によってアクセルがふかされっぱなしになり、がん抑制遺伝子の故障によってブレーキがこわれ、細胞という車が暴走するという考えだ。

1章で述べたように、遺伝子はDNA上に書かれた塩基の暗号文字に従って、蛋白質を作っている。この暗号文字のたった一文字が変化しただけでも、場合によっては正常な蛋白質が作れなくなってしまう。これが細胞の異常増殖に結びつく。このようながん遺伝子やがん抑制遺伝子の変異は、ひとつだけですぐにがんに結びつくわけではない。複数の（平均して六〜七個といわれる）変異が積み重なることによって、細胞はがん化への道をたどる。

がん遺伝子の多くが、がん細胞の分析によって発見されてきたのに対し、がん抑制遺伝子は家族に患者が多発する遺伝性のがんの原因遺伝子として発見されることがほとんどである。がん遺伝子が、さまざまながんに少しずつ関係しているのに対し、がん抑制遺伝子は特定のがんとの対応が強いため、がんの遺伝子研究の主流となってきた。

❏遺伝性のがんと通常のがん

がんのなかには「家族性」と呼ばれるものがある。家族のなかに患者が多発することからこのように呼ばれるが、そのほとんどは、網膜芽細胞腫のように遺伝性である。

しかし、遺伝性のがんと、ふつうのがんとで、がん細胞自身に根本的な違いがあるわけではない。正体は基本的に同じものである。

それでは何が違うのか。

発がんに関係している遺伝子として、がん遺伝子とがん抑制遺伝子をあげたが、これ以外にもDNAが紫外線や化学物質で傷ついたときに傷を治す「DNA損傷修復酵素遺伝子」が知られている。D

NA損傷修復酵素遺伝子は、がん抑制遺伝子と同じように劣性に働く。言いかえると、対立遺伝子の両方に変異が起きることによって、酵素の機能を失い、発がんに関係する遺伝子の傷をうまく修復できなくなる。

大人になってからかかる大部分のがんは、環境から受ける影響によってこれらのがん関連の遺伝子が徐々に傷つき、変異が積み重なっていくことによって起きる。しかし、別々の細胞に変異が起きているぶんには、簡単にはがん化には至らない。同じ細胞に変異がたまってくると、その細胞ががん化に向けて変化する。そして、一個の細胞ががん化するだけで、コントロールをはずれたその細胞がどんどん増殖していくわけだ。

一方、遺伝性のがんの場合は、この変異が遺伝していく。つまり、父親の精子細胞、もしくは母親の卵細胞の遺伝子に変異があると、精子と卵子が受精してできる受精卵の細胞に変異が受け継がれる。受精卵は無数に細胞分裂を繰り返して一人の人間を形作るので、変異のある受精卵から育った人は体中の体細胞に遺伝子の変異が存在することになる。

もともと体中の体細胞に変異がある人と、変異のない人を比べると、変異のある人は細胞ががん化するステップが最初から一段階だけ進んでいることになる。したがって、若くしてがんになりやすく、家系のなかに患者が集まることになる。

このような遺伝性のがんの原因となるのは、主にがん抑制遺伝子やDNA損傷修復酵素遺伝子である。前にも述べたように、がん抑制遺伝子の変異（一段階目のヒット）を両親の片方から体中の細胞に受け継いだ人は、両親のもう片方から受け継いだ正常な遺伝子に傷がつくことによって（二段階目のヒット）、細胞増殖の抑止力が働かなくなってしまう。

DNA損傷修復酵素遺伝子の場合は、この遺伝子が機能を失うことによって、別のがん関連遺伝子が環境から受ける傷を治せなくなってしまう。このような遺伝子として、遺伝性非ポリポーシス大腸がんの原因となるMSH2やMLH1が発見されている。

一方、がん遺伝子は遺伝性のがんの原因になりにくい。なぜなら、がん遺伝子は優性で、対立遺伝子の片方に変異があるだけで細胞をがん化に導く作用があるので、これに変異があると受精卵がうまく育たない場合が多いからだ。ただし、甲状腺がんを起こす多発性内分泌腺腫症（MEN）2型の原因遺伝子のように、優性でありながら、遺伝性のがんの原因となっている遺伝子もある。

そして、三木のグループが発見したBRCA1の場合は、乳がん家系を分析した結果つかまえることができた、がん抑制遺伝子の一種だった。

❏乳がん遺伝子の発見

三木は和歌山医大の出身で、もともとの専門は外科である。大学院生のときに家族性大腸ポリポーシスを研究対象にしていたが、ちょうどそのころ、日本の代表的遺伝子ハンターである中村祐輔はユタ大学で家族性大腸ポリポーシスの原因遺伝子を探していた。

三木はあるとき、一九八九年に日本に戻って癌研究会癌研究所の生化学部長となった中村とセミナーで顔を合わせた。中村はいっしょにやってみないかと三木をさそい、三木は癌研に研究生としてやってきた。ユタ大学に留学したのも中村のつてだった。

「大学で人を指導するにはもう少し鍛えたほうがいいと思って、留学したんです。そのときは何年かしたら外科にもどろうと思っていました」と三木は振り返る。

ユタ大学で三木が取り組んだのは、マイクロ・サテライトと呼ばれる新しいDNAマーカー取りである。ヒトのDNAには特定の短い遺伝暗号文字の並びが繰り返されている領域がいくつもある。その繰り返し数に多型（個人差）があれば、母親からの染色体と父親からの染色体を区別したり、個人個人の染色体を区別することができる。たとえば（AT）という二文字の暗号が母親からの染色体では五回（つまりATATATATAT）、父親からの染色体では三回（つまりATATAT）繰り返されていれば、この部分をPCR法で増幅し、長さの違いを見分けることができる。

ハンチントン病のところで述べた連鎖解析と同様に、乳がん家系のメンバーのDNAを複数のマイクロ・サテライトをつかって分析すれば、原因遺伝子のある場所を狭めていくことができる。

マイクロ・サテライトの一世代前には、VNTRマーカーと呼ばれるもう少し繰り返し文字数の長いマーカーがよく使われた。そしてこのVNTRマーカーを世界に先駆けて開発し、ゲノムのなかから次々と釣り上げていったのが中村だった。

RFLPマーカーや、VNTRマーカー、マイクロ・サテライトを使って病気の原因遺伝子を位置決めし、最終的に遺伝子そのものを追いつめる方法は、遺伝子の染色体上の位置（ポジション）を参考にしていることから、ポジショナル・クローニングと呼ばれる。

「当時はまだ、マイクロ・サテライトの数が少なく、新しいマーカーを取れる人もいませんでした。癌研の生化学で身につけた技術が役に立ったが、日本人の器用さもあったと思います」と三木はいう。

三木のマーカーを使ってユタ大学のグループは乳がん遺伝子探しを続けた。米国に来て二年たった頃には、かなり明るい見通しが立っていた。「初めは二年で戻るつもりでしたが、あと一年いれば乳がん遺伝子が取れると思いました。ここで帰ったら、悔やんでも悔やみ切れないと思ったので、もう少し残ることにしたのです」。

結果的に三木の滞在は三年半にのび、BRCA1は九四年九月に発見された。「九四年の一月頃から、もうこれ以上はせばめられないところにきていました」。あとは分業で作業を進めるしかない。最初は五人ぐらいで始めた研究だったが、遺伝子が取れたときには六〇人ぐらいのチームにふくれあがっていた。そのため、全体の作業は見えにくくなり、遺伝子が取れたことを三木が知ったのは二日後だった。

目的を果たし、三木は日本に戻ろうとしたが、外科医のポストはなかった。癌研にいた中村が、ちょうどいいからここへ来い、というので癌研に戻った。三木は、そのまま遺伝子医学の道を歩んでいる。「こういう道でやっていこうと思ったのは、ごく最近です」。

しかし、三木の行く手は甘くない。日本に帰ってBRCA2のクローニングもねらったが、彼のチームはたった三人しかいなかった。「飛行機を竹槍でつくようなものだった」と彼はいう。遺伝子ハンティングをめぐる日本と欧米の競争力には、大きな格差が横たわっている。

❑大腸がんの遺伝子

三木の先輩である中村祐輔は、がんの遺伝医学の世界では非常に早い段階から国際的に名を馳せてきた人物である。現在は東大医科学研究所の教授として日本のヒトゲノム計画を推進している。

中村は大阪大医学部を卒業し、消化器を専門とする外科医として四年にわたりがん患者の治療にあたった。そのときに担当した若くして亡くなっていった患者への思いが、その後の研究を精力的に続ける原動力になっている。

「分子生物学の研究者」と呼ばれることを嫌い、臨床にこだわる。歯に衣着せないものいいで、「患者のため」という自分の信条に反すると思えば、他の研究者やマスメディアと衝突もする。日本人にはめずらしい、米国タイプの研究者である。

一九八四年、中村はユタ大学教授のレイ・ホワイトのもとに留学した。はじめに取り組んだテーマは、当時五番染色体に存在すると推定されていた家族性大腸ポリポーシスの遺伝子が何をしているかを解明することだった。

家族性大腸ポリポーシスは、大腸や小腸に数百から数千ものポリープができ、大腸を切除しなければやがてはがんに至る遺伝性の病気だ。早ければ十代のころからポリープが出来始め、放置するとほぼ確実にがん化が始まる。日本には五千人から一万人の患者がいると推定されている。

中村がユタ大学に留学した当時は、遺伝子探しに欠かせない染色体の所番地を示す染色体地図もなく、とても原因遺伝子を追いつめられる状況ではなかった。そこで遺伝子ハンティングの道具である「VNTRマーカー」を主とするRFLPマーカーを取る作業と、これを使って染色体地図を作製する作業に三年を費やした。

前にも述べたようにVNTRは塩基の暗号文字のひとつながりが繰り返し現れるDNAの領域で、人によってその繰り返し数が三つだったり七つだったりというように異なる。その存在は一九八五年に中村によって発見された。

一九八七年に染色体地図が完成すると、さらに詳細な地図を作るため、中村は大腸ポリポーシスの遺伝子の近くにある多型性の大きいマーカーを、次々と分離していった。最後の段階としてこれらのマーカーを使って大腸ポリポーシスの家系のメンバーのDNAを分析した。乳がん遺伝子と同様、同じ遺伝子をねらう研究グループのあいだでデッドヒートが繰り広げられ、手を抜くことはできなかった。

一九九一年八月、中村と米ジョンズ・ホプキンズ大学のバート・ボーゲルシュタインらのグループは、家族性大腸ポリポーシスの遺伝子の発見について「サイエンス」誌に論文を発表した。すでに日本に帰っていた中村は、大塚にある癌研究会癌研究所の薄暗い講堂で記者発表をした。

中村らはVNTRマーカーを使って最終的に候補遺伝子を六つ見つけたが、このうちのひとつが家族性大腸ポリポーシスの遺伝子だとわかった。遺伝子はAPCと名付けられた。日米で百人の患者についてAPC遺伝子全体の四割の部分について異常を調べた結果、四割の人に異常が発見された。

「遺伝子全体を調べれば、全員に異常がみつかるはずだ」と中村は述べた。

APCが正常なら、大腸の粘膜細胞の分裂を抑える役割を果たしていると考えられた。異常が起きるとポリープができるようになり、さらに別のがん抑制遺伝子やがん遺伝子の異常が積み重なってがんになる。

会見で中村は、APC遺伝子を使った遺伝子診断の可能性や治療法の開発にも触れた。APC遺伝子の異常を両親のどちらかから受け継いでいるかどうかがわかれば、たとえまだ発病していなくても、将来、大腸ポリポーシスを経て大腸がんにかかるかどうかが予測できる。そうすれば、定期的な検診をすることによって、その兆候を早期に発見し、早期治療に結びつけることができるというのが中村の意見だった。

たしかに大腸ポリポーシスの場合は大腸切除という治療法が存在する。また、遺伝子の変異と発病の関係もかなりはっきりしている。遺伝子診断による発病前診断は、患者にとってプラスに働く要素がある。

しかし、これが遺伝子の変異と発病の関係が必ずしも対応しないＢＲＣＡ１と乳がんのようなケースはどう考えたらいいのか。さらに、予防法も治療法もない病気だったらどうか。しかも、ハンチントン病のように脳や精神を冒すとしたら。早期予測が幸福をもたらすとは限らない。

これが病気の遺伝子探しが新たに生み出したジレンマである。

3章　体質の遺伝子

❏アルツハイマー病

「日本に来るのは今年これで四回目だ」。シンポジウム会場の外のソファーで、髭面のアレン・ロージズは笑いながら話した。「トータルにして十一日間の滞在だけどね。イミグレーションでは毎回二時間待たされる。いつも一番進みが遅い列に並んでしまうんだ。要注意は五番の列だよ」。

一九九四年十二月十日、港区の会議場で開かれた国際シンポジウム「ゲノム解析と発症前診断」には、九〇年代に入って次々と発見された重要な遺伝子の発見者が顔を揃えた。

ロージズはその一人で、この時はノースカロライナ州にあるデューク大学医学センターに所属していた。彼を一躍有名にしたのは、九三年に米国の科学論文誌「サイエンス」に発表されたアルツハイマー病の遺伝子ついての論文だった。

このなかでロージスは、アルツハイマー病にかかる「リスク（危険率）」を測ることのできる遺伝子を発見した、と報告したのだ。

アルツハイマー病は主に老年期に表れる痴呆症で、記憶障害（もの忘れ）を最初の兆候とする。この病気にかかった人の脳を解剖して見ると、シミのような老人斑が蓄積し、神経原線維変化と呼ばれる病変が現れているのがわかる。

現在のところ発病のメカニズムは完全にはわかっていない。遺伝しないケースがほとんどだが、家族のなかに何人ものアルツハイマー病患者が現れ、常染色体優性の遺伝形式で遺伝する家族性のアルツハイマー病も存在する。

そのなかには三十代、四十代で発病する早発性のアルツハイマー病と六十代、七十代で発病する遅発性の両方がある。これらの家系に潜む病因遺伝子の探索が続けられ、これまでのところ、家族性アルツハイマー病の原因と見られる遺伝子が三つ発見されている。

だが、ロージズの「リスク」遺伝子は、これらの原因遺伝子とは少し性質が違っていた。

話をわかりやすくするために、まず、家族性アルツハイマー病の原因遺伝子について説明することにしよう。

アルツハイマー病の研究のターゲットに老人斑がある。老人斑は非常に溶けにくい物質で、その正体はβアミロイドと呼ばれる蛋白質が異常に沈着したものであることがわかっている。アミロイドは繊維状の糖蛋白質で、健康な組織には見られない。βアミロイド蛋白は、アミロイド前駆蛋白（APP）と呼ばれる蛋白質の一部が体のなかで切断されて生じることがわかり、研究者の注目を集めるようになった。

一九八七年、カナダのトロント大学のセント・ジョージ＝ヒスロップのグループは、家族性アルツハイマー病の家系を連鎖解析し、二十一番染色体に原因遺伝子が存在すると発表した。この報告は大きな論争を巻き起こした。というのも、アルツハイマー病が本当に遺伝子の異常で起きているのかどうか、当時は科学者のあいだでもコンセンサスができていなかったからだ。

ヒスロップのグループは、さらに大規模な連鎖解析を実施し、アルツハイマー病の原因は一つではないが、六十歳より前に発病する早発性の家族性アルツハイマー病の原因遺伝子は、やはり二十一番にのっているという確証を得た。その成果は、九〇年の英国の科学誌「ネイチャー」に掲載された。そして翌九一年、アリソン・ゴートのグループが、染色体二十一番の原因遺伝子はAPPの遺伝子で、その点突然変異が早発型の家族性アルツハイマー病と結びついていると「ネイチャー」に発表した。

正常な脳とアルツハイマー病の脳ではアミロイド前駆蛋白の切断の場所が異なり、APP遺伝子に異常があると四二個のアミノ酸からなるβアミロイド蛋白ができる。これが、アルツハイマー病の発病の原因になるという結論だった。

早発性の家族性アルツハイマー病の三～五パーセントの人が、この遺伝子の異常によって発症すると考えられた。しかし、残りの早発性の家族性アルツハイマー病はこの遺伝子では説明がつかない。

九二年、米国ワシントン大（シアトル）のジェラード・シェレンバーグ博士らが、早発型の家族性アルツハイマー病の原因遺伝子が染色体十四番にのっているという報告を発表し、世界の研究者をあっといわせた。

その後も、同様の報告が次々と発表され、二十一番上の遺伝子では説明がつかない早発性の家族性アルツハイマー病のほとんどのケースを、この染色体十四番上の遺伝子の異常が説明できると考えられるようになった。九四年にシンポジウムに招待されて日本を訪れたシェレンバーグは「早発型の大多数が関連しているのは十四番染色体の異常だ」と主張した。

そして九五年六月、セント・ジョージ＝ヒスロップのグループが遺伝子そのものの分離に成功し、「ネイチャー」に発表した。遺伝子が作る蛋白質はプレセニリン1と名付けられた。この蛋白質の働きはまだはっきりしていないが、βアミロイド蛋白質の蓄積に結びつくと考えられている。

シェレンバーグらは、これ以外にもうひとつ、特殊な早発型アルツハイマー病の家系を握っていた。彼らは、ドイツから米国に移民してきた人々で、祖国ではヴォルガ川流域に住んでいたことから「ヴォルガ・ジャーマン」と呼ばれる。

十四番染色体上の原因遺伝子に続いて、ヴォルガ・ジャーマンの遺伝子も九五年にヒスロップらによって染色体第一番から単離され、プレセニリン2と名付けられた。

しかし、これら三つの遺伝子をあわせても家族性アルツハイマー病のすべてが説明できるかどうかはわからない。それどころか、家族性のアルツハイマー病はこの病気全体の一割に過ぎず、残りの患者はこれらの遺伝子では説明しきれないのだ。

❑リスク遺伝子

ロージズが発見した遺伝子は、家族性アルツハイマー病の遺伝子とは少し違っていた。なぜなら、その遺伝子をもっていたからといって、アルツハイマー病になるとは限らないし、家系のなかで病気が遺伝するわけでもないからだ。

むしろ、六十歳以降に発病する普通のアルツハイマー病に関係していると考えられている。それはアポリポ蛋白E（ApoE）と呼ばれる蛋白質をコードしている遺伝子で、染色体十九番にのっていた。

ロージズらは当初、六十歳以上で発病する遅発性の家族性アルツハイマー病の患者を対象に、原因遺伝子を捜索していた。その結果、アポEのあるタイプが関係していることを見つけたのだ。

アポEは血液中で脂質を輸送するのに働く蛋白質で、E2、E3、E4の三つの型があり、両親からひとつずつ受け継ぐ。つまり、私たちのアポE遺伝子は、アポE2／2、アポE2／3、アポE2／4、アポE3／3、アポE3／4、アポE4／4の六つのタイプのうちのいずれかだということになる。

ロージズらは遅発性の家族性アルツハイマー病の四二家系を調べ、アポE4遺伝子の数が0↓1↓2と増えるに従って、アルツハイマー病になる危険率が二〇パーセント↓四七パーセント↓九一パーセントと上がり、発病年齢も八四・三↓七五・五↓六八・四歳と早まることを示した。E4遺伝子のコピーを二つもっている人のほとんどが、八十歳までに発病し、彼らが発病するリスクは、E4をひとつももっていない人の八倍にのぼった。

さらに人々を驚かせたのは、家族性ではない孤発性のアルツハイマー病にもこの遺伝子タイプが関わっていたことである。つまり、特に家系内にアルツハイマー病の患者がいない人でも、E4タイプの遺伝子をもつ人はアルツハイマー病にかかるリスクが高く、特に両親のどちらからもE4タイプを受け継いだアポE4／4の人はリスクが高いということがわかったのだ。

この研究は世界中の研究者に波紋を広げた。日本でもこの発見を確かめるための調査がいくつか実施され、日本人でも同じ傾向があることが明らかになった。

つまり、あなたが自分の遺伝子を調べて、もしアポE4タイプをもっていたら、将来アルツハイマー病にかかりやすいかもしれないということが、この研究によって示されたのだ。

だが、ここで間違えてはならないのは、E4の遺伝子を受け継いだからといって必ずしもアルツハイマーになるわけではないということである。逆にE4をもっていなかったからといってアルツハイマー病に決してかからないわけではない。一卵性双生児でどちらもアポE4／4タイプである場合でも、片方だけがアルツハイマー病にかかったケースもあるという。

さらに、日本人の遺伝子を分析した結果、白人に比べてアポE4をもつ人の割合が低く、人種差があることがわかった。確かに、日本人のアルツハイマー病の発病率は白人に比べて低い。しかし、それがアポEのためかといえば、証拠はない。アルツハイマー病の発症には当然、環境要因もからんでいると考えられるし、まだ発見されていないアポE4以外の遺伝子もあるだろう。

それでもなおかつ、アポE4が注目されるリスク遺伝子であることは間違いない。

アポE4がアルツハイマー病の発病年齢を早める可能性は当初から疑われていたが、米ジョンズ・ホプキンズ大のジョン・ブレイトナーのグループは、大規模な調査にもとづいてこれを確かめ、一九九八年に発表している。米国の約四九〇〇人の老人を調べた結果、同じ年齢の人がアルツハイマー病にかかるリスクは、E4の数が多い方が高いことが示唆された。しかし、八十歳を超える長寿者をみると、E4をもっていようといまいと、一定の年齢を超えると発病する人はいなくなる。

これらのことから、E4は「いつ」アルツハイマー病を発病するかには影響するが、「発病するか、しないか」には影響しないと結論づけている。

ここからもわかるように、アポE4遺伝子の有無をそのままアルツハイマー病の発症と一対一で結びつけることはできないが、一般的なアルツハイマー病にも遺伝子がからんでいることは、かなり確からしくなってきたといってもいいだろう。

❏単一遺伝子病と多因子遺伝子病

アルツハイマー病とアポE4の関係に限らず、発病の原因とはいえないが、発病のリスクを上げると考えられる遺伝子は他にもある。最近「生活習慣病」と呼ばれるようになった病気の遺伝子はこれにあたるだろう。

生活習慣病というのは、遺伝的な背景に、食生活や運動、喫煙、有害物質、病原体などの環境要因が複雑にからんで発症する病気のことだ。遺伝子もひとつではなく、複数が関係していることが多い。主な生活習慣病には、糖尿病や高血圧、心筋梗塞などがあり、多くのがんや肥満もこの範疇に含まれる。言いかえれば、成人病と呼ばれてきた病気のほとんどが、生活習慣病だということになる。

家族性のアルツハイマー病は生活習慣病とは言えないが、いくつかのリスクファクターが重なり合って発病する通常のアルツハイマー病は生活習慣病に分類することもできるだろう。

ここで、遺伝子と環境と、病気との関係を改めて整理しておくことにしよう。それというのも、この関係は混乱を招きやすいと考えられるからだ。

まず、2章で紹介したハンチントン病を思い出して欲しい。この病気は、ひとつの遺伝子に変異がある場合に、ほぼ百パーセント発病するという特徴があった。このように、たったひとつの遺伝子の変異が「発病するか、しないか」を支配している病気を「単一遺伝子病」と呼ぶ。

従来「遺伝病」と呼ばれてきた多くの疾患は、この単一遺伝子病に分類される。たとえば、X染色体上にのっている遺伝子の変異が病気を引き起こすデュシャンヌ型筋ジストロフィーや血友病、フェニルケトン尿症をはじめとする多くの先天性代謝異常は単一遺伝子病の代表格だ。

しかし、これらの単一遺伝子病は、遺伝子が関係していると考えられる病気のごく一部にすぎないと考えられている。

一方、複数の遺伝子が発病に関係している場合には、その病気は「多因子遺伝子病」と呼ばれる。多くの先天性奇形や生活習慣病は多因子遺伝子病に分類されている。

これ以外に、染色体異常も場合によっては遺伝するが、その割合は少なく、遺伝性疾患のなかでは多因子遺伝子病が過半数を占めていると考えられる。

ここまでは遺伝子に焦点をあてて区分けしてみたが、実際には環境要因が無視できない。

それを如実に表すものとして、最近、医学関係の学会でよく紹介される図がある（次頁）。横長の長方形の右上と左下の角を結ぶ対角線をひき、下半分の直角三角形が遺伝もしくは遺伝子、上半分を環境としたものである。こうすると、一番左端は環境が百パーセント、右端は遺伝や遺伝子が百パーセントとなる。

一番右端に位置するのは単一遺伝子病だが、単一遺伝子病の場合でも環境の影響がほとんどないも

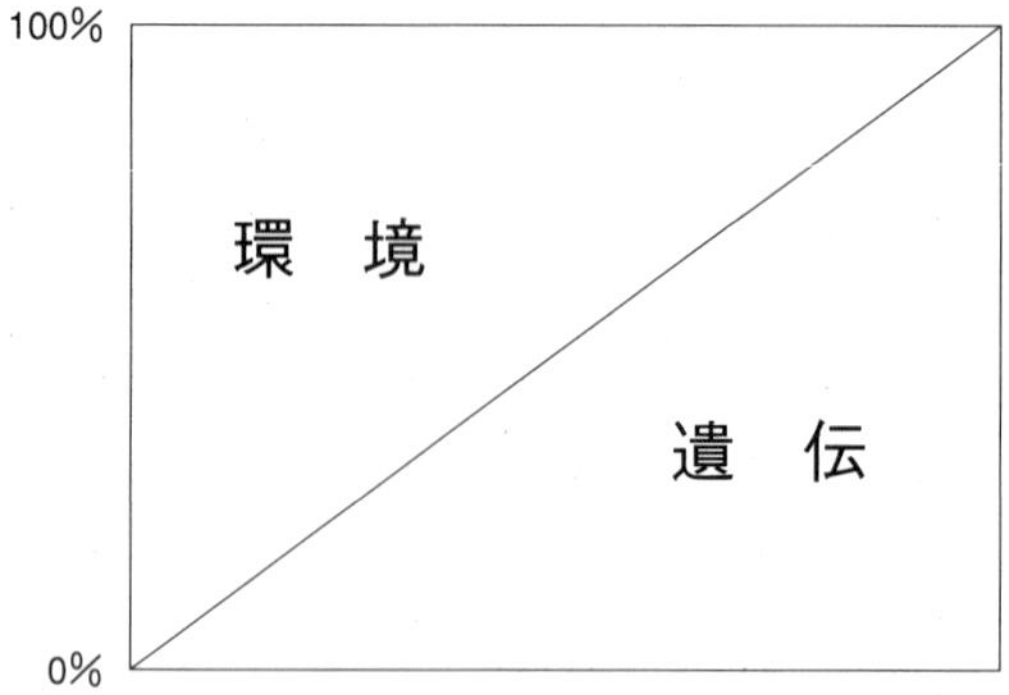

遺伝と環境

のと、環境の影響をそれなりに受けるものとがある。たとえば先天性代謝異常のひとつであるオルニチン・トランスカルバミラーゼ（ＯＴＣ）欠損症の家系で、同じ遺伝子変異をもっている祖父と孫のうち、六十五歳の祖父は発症せず、九歳の孫が発症して死亡したというケースが報告されている。これは、蛋白質の摂取量が孫のほうが多かったために発病したと考えられている。つまり、食習慣の違いが発病を左右したことになる。

　このような単一遺伝子病は、長方形の一番右端ではなく、右からちょっと内側に入ったあたりに位置すると考えられる。

　一方、一番左側、つまり遺伝的要因がまったく関係ないと考えられる疾患の例としては、しばしば交通事故による外傷があげられる。

　そして、多因子遺伝子病はその中間のどこかに位置する。言いかえれば、多因子遺伝子病には複数の遺伝子が関係しているだけでなく、複数の環境要因も関係していると考えられる（環境要因がなく、複数の決まった遺伝子の変異だけで発病する病気がないとは言いきれないが、ちょっと考えにくい）。つまり、多因子遺伝子病の遺伝子変異は、「病気にかかりやすい体質」を表しているようなものである。

このように区分けすると明らかなように、多因子遺伝子病の典型的な例は生活習慣病である。糖尿病や高血圧、心筋梗塞やがん、肥満もこの範疇に含まれると考えていいだろう。

前にも述べたように、がんのなかにも単一遺伝子病のものがあるので混乱するかもしれない。しかし、このような場合には同じ家系内に患者が集積し、遺伝のしかたも一定の法則に従う。一方、多因子遺伝子病の場合には、病気の遺伝のしかたははっきりしない。

ここまで述べてきたことをまとめると、病気に関係する遺伝子には、病気の「原因」と呼ばれる遺伝子と、病気にかかりやすいかどうかの「体質」を左右する遺伝子の両方があるということになる。生活習慣病の遺伝子分析は、「体質」を左右する遺伝子を探すことである。これは病気の「原因」を追いかける単一遺伝子病の遺伝子探しに比べるとかなり難しいといえるだろう。

しかし、なんといっても身近で、多くの人に関係があるのはこれら「体質」の遺伝子である。以下に体質遺伝子探しの例を紹介しよう。

❏肥満

普通のマウスが二匹と、その二倍はあろうかという肥満マウスが理科実験に使う天秤の左右にのっかっている。秤は肥満マウス側に振り切れている。

一九九四年十二月一日号の「ネイチャー」誌の表紙を飾った写真を見ると、思わず「カワイイ」といってしまいそうだが、このマウスの物語は人ごとではない。それというのも、現代人の悩みである肥満にも遺伝子が関わっている可能性を示しているからだ。

私自身も小学生のころはりっぱな「肥満児」だったが、それはひとえに環境のなせるわざだと思っていた。両親も姉も特に太ってはいなかったし、お菓子を食べながらベッドで本を読む怠惰な習慣が私をデブにしたのだと思っていた。

ところが、肥満に遺伝的素因があることは以前から指摘されていたらしい。その根拠のひとつになっていたのが、遺伝性肥満マウスの存在である。一九五〇年に発見されたこの肥満マウスは親子代々肥満だった。肥満（obesity）の頭文字を取って、その名もｏｂ／ｏｂマウスと名付けられた。

動物には満腹になると血液中に現れて食欲を抑える「満腹因子」があると考えられている。肥満のｏｂマウスはこの因子に異常があるのではないかという仮説がたてられた。

米国のロックフェラー大学のグループは、この肥満マウスで異常を起こしている遺伝子を探し求め、とうとう原因遺伝子を発見して「ネイチャー」誌に発表した。それが九四年の論文である。この遺伝子はｏｂ遺伝子と名付けられ、ｏｂ遺伝子が作る蛋白質はレプチンと名付けられた。ｏｂ遺伝子をもつのはマウスだけではなく、人間にも同様の遺伝子が存在していることがわかった。

翌年には正常なレプチンを投与した肥満マウスの体重が減少したというデータが発表された。レプチンを受けとってその情報を細胞内に伝え、作用を発揮させる受容体が脳の視床下部で働いていることもわかった。このため、レプチンこそが脂肪細胞から分泌され、脳の満腹中枢で働いて食欲を抑える「満腹因子」だと考えられている。

正常なマウスは太るにしたがって脂肪細胞でレプチンの分泌が増え、これが脳の満腹中枢を刺激して食欲を抑える。つまり、フィードバックが働く。ところがｏｂ遺伝子が壊れたマウスは正常なレプチンが作れず、どんなに太ってもフィードバックが働かない。その結果、太っても太っても食べ続けるという仕組みだ。

この話を聞いたときには、思わず自分のｏｂ遺伝子がどうなっているのか気になったが、ｏｂ遺伝子の異常でマウスが肥満したからといって、人間も同じだとは限らない。実際、ｏｂ遺伝子異常のために肥満になった人はなかなか発見されなかった。一九九七年になって病的な肥満の家系の分析で見つけられたが、非常に希であることは確かだろう。

しかし、人間でもレプチンが肥満の制御に働いていることは間違いなさそうだ。成人の血中レプチン濃度を測ったところ、肥満した人ほどレプチン濃度が高かったというデータもある。これは、肥満してくるとそれを抑えようとしてレプチンが分泌されたと考えられるが、それにもかかわらず肥満が抑えられなかったということになる。

こうしてみると、人間の病的な肥満に関係しているのはレプチン自身の異常ではなく、レプチン受容体など、レプチンが作用を発揮するために必要な仕組みの異常ではないかという疑いが出てくる。つまり、レプチンは正常で、食べ過ぎれば食欲をコントロールしようと分泌されるにもかかわらず、レプチンを受け取って、働く側に異常があるため、その情報が脳に伝わらない可能性がある。

レプチン以外にも肥満との関係が疑われる遺伝子はいくつかある。脂肪細胞の表面に存在し、脂肪の合成や分解をコントロールしているβ3アドレナリン受容体遺伝子はそのうちのひとつである。九五年夏、米ジョンズ・ホプキンズ大のグループがこの受容体遺伝子の変異と肥満の関係を突き止めた。

東京大学医学部の門脇孝らは、ジョンズ・ホプキンズ大との共同研究で日本人三六〇人のβ3アドレナリン受容体遺伝子を調べた。このうち一五九人はインスリン非依存性の糖尿病患者である。すると、日本人の三人に一人にこの遺伝子の変異があり、二〇人に一人は両親の双方から変異を受け継いでいることが明らかになった。遺伝子変異が二つある人は変異のない人より肥満傾向が高いことも確かめられた。

とはいっても、この変異があると必ず肥満になるわけではない。肥満は三割が遺伝要因で、七割が環境というのが門脇の考えだ。β3アドレナリン受容体遺伝子の変異はそれだけで肥満になるほど強力ではないが、頻度は高い。このような危険因子はいくつもあると考えられ、ヒトゲノム全体のなかから肥満のリスクを高める遺伝子を探す試みが複数のグループによって行われているが、まだ決め手はない。製薬会社が重要なデータを握っているに違いないという見方もある。

肥満のほとんどは、多数の遺伝子と環境の相互作用で起きる。自分が肥満遺伝子をもっているのかどうか興味のあるところだが、それよりもまず不摂生を避け、運動をすることが先決かもしれない。

❏心筋梗塞

私の知人に三十代後半で突然死してしまった男性がいる。このあいだまであんなに元気だったのにと愕然としたが、後から聞いて「もしかして」と思ったことがある。

彼の親戚には力士がいた。彼自身も相撲取りとまではいかないが、体格のいい人だった。そして家系には、若くして心臓病で死亡した人がほかにもいたという。それを考え合わせ、心臓発作を起こしやすい遺伝的な体質をその男性も受け継いでいたのではないかと思ったのだ。

心筋梗塞をはじめとする心臓血管障害もまた、典型的な生活習慣病と考えられている。しかし、心臓血管障害のリスクを高める遺伝子はまだよくわかっていない。血圧調節に働くペプチドの代謝などに関係しているアンジオテンシン変換酵素（ACE）の遺伝子多型のひとつが、虚血性心臓疾患のリスクファクターであることを示すデータをフランスのグループが発表しているが、この遺伝子がどの程度の影響力をもっているかについては評価が定まっていない。

その一方で、ひとつの遺伝子の変異が心筋梗塞の発病率を高める遺伝性疾患については分析が進んでいる。家族性高コレステロール血症はそのひとつで、家系のなかで常染色体優性の遺伝形式を示し、皮膚の黄色腫や動脈硬化症を起こしやすい。

血液中で脂質を輸送するときには、脂質と蛋白質の複合体であるリポ蛋白が働いている。血液中のコレステロールを運んでいるのはＬＤＬ（低比重リポ蛋白）で、「悪玉」コレステロールとも呼ばれる。ゴールドスタインとブラウンは、家族性高コレステロール血症の原因究明を進める過程で、ＬＤＬを受け取る受容体の存在を発見した。解析を進めていくと、このＬＤＬ受容体遺伝子の変異が家族性高コレステロール血症の原因であることがわかった。

ＬＤＬは細胞の受容体にくっついて細胞のなかに取り込まれ分解される。したがって、ＬＤＬ受容体に異常があるとＬＤＬがうまく分解できず、血液中にたまってしまう。これが高コレステロール血症である。

家族性高コレステロール血症の家系にはＬＤＬ受容体遺伝子の変異を両親の双方からあわせて二つ受け継いだ人と、両親のどちらかだけから受け継いだ人がいる。前者は百万人に一人しかいないが、後者は五〇〇人に一人とかなりの数にのぼる。症状は前者のほうが重い。

遺伝的な背景のあるコレステロール血症のなかで、もっとも頻度が高いと考えられているのは家族性複合型高脂血症だが、原因遺伝子はまだわからない。これ以外に、家族性III型高脂血症や家族性高トリグリセリド血症などがあり、一部で原因遺伝子が明らかになっている。

❏高血圧

「候補遺伝子はいくつもありますが、高血圧との関係が明らかなのはアンジオテンシノーゲン（AGT）の遺伝子だけです」。高血圧の危険因子となる遺伝子探しを続ける旭川医科大学の羽田明が、私の質問に対してこう答えたのは一九九六年のことだった。状況は今もあまり変わっていない。

高血圧のなかには別の病気が原因であることがわかっているものがあるが、このような二次性の高血圧は全体の数パーセントにすぎない。残りは本態性高血圧と呼ばれ、これほどポピュラーな疾患であるにもかかわらず、原因がよくわからない。心筋梗塞などと同じように、遺伝的なリスク因子と、環境のリスク因子の両方が関わる多因子遺伝子病のひとつと考えられている。

遺伝的な要因としては、アンジオテンシノーゲン以外にも、レニンやエンドセリン、アンジオテンシン変換酵素の遺伝子などが候補にあがってきた。

体の血圧調節システムのひとつに、レニン-アンジオテンシン系がある。肝臓で作られる糖蛋白のアンジオテンシノーゲンにレニンが働くと、アンジオテンシン1型ができる。これに変換酵素が働くと、アンジオテンシン2型になる。2型は強い血管収縮作用があり、血圧を上昇させる。

一九九二年に米国とフランスの研究グループが、アンジオテンシノーゲン遺伝子の異常が高血圧の「犯人」ではないかと報告した。この糖蛋白質を構成しているアミノ酸のひとつが人によって異なり、高血圧症の人を調べたところ特定のタイプのアミノ酸を作る遺伝子型の人が多いことがわかったためだった。

羽田自身も、高血圧で病院の外来を訪れた人の遺伝子を調べてみた。すると、日本人でもAGT遺伝子の変異が高血圧の危険因子であることがわかった。「高血圧は遺伝の影響が三〇～四〇パーセント、残りが塩分の高い食事などの環境要因と考えられる。遺伝要因の半分がAGTで説明できるのではないか」というのが羽田の考えだ。

しかし、多因子病であるだけに、原因解明はそう簡単ではない。研究は進められているが、これぞというブレークスルーは今のところでてきていない。

❑糖尿病

日本の厚生省は一九九七年秋、二十歳以上の五八八三人を対象に初の全国糖尿病実態調査を実施した。その結果から推計された日本人の糖尿病患者は六九〇万人にのぼり、糖尿病の可能性を否定できない「予備軍」まで含めると一三七〇万人に達した。この数字は、専門家が見ても驚くほどの増加である。

食事をすると血液中の血糖値があがり、膵臓のランゲルハンス島β細胞からインスリンが分泌され、血糖値を下げる方向に働く。このシステムがうまく働かないと血液中の糖の量が増えすぎて、尿中に排泄されるようになる。これが糖尿病につながる。

糖尿病は大きく分けて、インスリン依存型（ＩＤＤＭ）と呼ばれるものとインスリン非依存型（ＮＩＤＤＭ）と呼ばれるものがある。インスリン依存型はランゲルハンス島β細胞が壊れて、インスリンをうまく分泌できなくなった場合に起きる糖尿病で、自己免疫疾患のひとつと考えられる。本来なら外敵だけを攻撃するからだの免疫システムが、誤って自分の細胞を攻撃してしまうために起きると考えられている。

ＩＤＤＭは、常にインスリンを注射していないと生命が脅かされるほどの重篤な病気で、子供のうちから発症する。日本人の発生率は十万人に二人と比較的少ないが、この病気はＨＬＡと呼ばれる白血球の遺伝子型など、複数の遺伝子と関連があると考えられている。

会社の定期検診などで尿糖がひっかかり、糖尿病と診断されるのはインスリン非依存型のほうで、こちらは代表的な生活習慣病といえるだろう。発病にはインスリン分泌の異常やインスリンに反応しない抵抗性が関係していると考えられている。

日本人の糖尿病のほとんどがこのタイプということになるが、よくあるからといって決してあなどれない。糖尿病が悪化すると、さまざまな合併症を生じるからだ。糖尿病性の網膜症は時には失明につながり、糖尿病性の腎炎は時には腎透析を余儀なくされる。

インスリン非依存性の糖尿病も遺伝的背景がかなり強い。これに食べ過ぎや肥満、運動不足などがからみあって発病する。発病のリスクを高める遺伝子の候補として、インスリン受容体の遺伝子、細胞のエネルギー工場であるミトコンドリアの遺伝子などがあげられているが、これらだけではとうてい説明しきれない。分子遺伝学者泣かせの病気であることは、他の生活習慣病と同じである。

❏かつては「良い遺伝子」？

これ以外にも、アトピーの遺伝子や骨そしょう症に関係のある遺伝子など、環境との相互作用で発病すると考えられる多因子遺伝子病の原因遺伝子候補は次々と発見されている。精神疾患や多くのがん、多発性硬化症、喘息なども多因子遺伝子病と考えられ、遺伝子探しが進められている。

そのなかには、もとはといえば役に立つ遺伝子だったのに、環境が急激に変化したためにその役割が変わってしまったと見ることができる遺伝子もある。人類が環境の急激な変化に追いつかないため、遺伝子が病気を起こしているとでもいえばいいだろうか。

たとえば、肥満の遺伝子についていえば、「人類が狩猟採集をしていたころは、栄養を体にため込む遺伝子が生存に有利だったために自然選択されたが、飽食の現代にはそれが肥満を招くことになった」と推測する人たちがいる。高血圧が専門の羽田は「アフリカの奥地に生まれた人類の祖先は塩分不足だった。もしAGTの変異に少量の塩分で血圧を上げる働きがあるなら、かつてはいい遺伝子変異だったかもしれない」と考えている。

遺伝子は環境との相互作用によって役割を変えていく。そう考えると、「良い遺伝子」や「悪い遺伝子」という普遍的評価があると思うこと自体が誤りだということに気づく。現在は病気を起こしている遺伝子が、将来は人類を救うことさえあるかも知れない。

❑オーダーメイド医療とスニップ

ここまで述べてきた体質の遺伝子は、ヒトゲノムの塩基配列解読の終わりが見えてきたことによって、急速に注目度が高まっている。

個人個人の体質にあった「オーダーメイドの医療」という言葉を、公の文書で初めて目にしたのは、一九九九年七月に政府の科学技術会議のゲノム科学委員会の作業グループがまとめた報告書のなかだった。

このなかにSNP（スニップ）という言葉が登場する。一年前には聞いたこともなかったこの新語は、九九年になってあっという間に日本のゲノム・コミュニティに広まった。それまでゲノム科学には反応が鈍かった日本政府も、なぜかSNPにはいち早く反応した。

それというのも、その利用価値がわかりやすかったために違いない。

SNPはSingle Nucleotide Polymorphismの頭文字をとったもので、日本語では「一塩基多型」と呼ばれる。

これまでも述べてきたように、ヒトゲノムを構成するDNAの塩基配列には個人差（多型）があり、それが人間の多様性を形作っている。スニップはDNAの塩基配列の個人差のなかでも、塩基配列の一文字だけが人によって異なる部分に注目したものだ。人類の「平均値」としてのDNAの塩基配列を解読しているヒトゲノム計画とは、その点で異なる。

なぜ、スニップに利用価値があるかといえば、スニップの違いが薬に対する副作用や効きやすさの個人差、病気に対するリスクの個人差などと結びついていると考えられるからだ。したがって、特定のスニップと副作用や病気のリスクがどのように関係しているかが解明できれば、個人個人にあった薬の使い方、病気の予防や治療が実現できることになる。

これが「オーダーメイドの医療」「テーラーメイドの医療」などと呼ばれる新しい医療につながると期待されている。

実際に、薬の副作用と関係のあるDNAの多型はすでに見つかっている。

よく知られているのは、薬を肝臓で代謝して解毒するときに働く酵素の遺伝子の多型だ。たとえば、塩酸イリノテカンという抗がん剤を代謝する酵素の場合、遺伝子のタイプによって働きが五〇倍も異なることがわかってきた。別の抗がん剤である5‐フルオロウラシルを解毒する酵素の場合は一〇倍違うという。

このような個人差を左右するスニップがわかれば、個人のスニップ型を調べることによって、副作用の強い人とそうでない人を区分けすることができるだろう。

髭面のアレン・ロージズと再会したのは、ちょうどスニップの取材を始めたときだった。つくば市で開かれた国際会議で講演しているのを目にしたのだ。港区での国際シンポジウムから五年ぶりである。

アルツハイマー病のリスク因子であるアポE4を発見したロージズは一九九七年六月に、英国に本社がある大手製薬会社のグラクソ・ウェルカムに転職していた。そして、グラクソ・ウェルカムを含めた欧米の大手製薬企業十社と、英国のウェルカム・トラスト財団は、一九九九年四月にスニップを見つけるための非営利組織「SNPsコンソーシアム」を設立したところだった。

ロージズはその後、何回となく日本を訪れていると話した。それだけ、この分野の研究が注目されるようになったことの表れなのだろう。

ロージズと出会ったつくば市の会場では、遺伝子解析の機器やツールのメーカーがブースを設置して自社製品を宣伝していたが、目立ったのは遺伝子解析キットだった。

ＤＮＡマイクロアレイ（ＤＮＡチップ）と呼ばれるこの技術もまた、二十一世紀の遺伝子医療を変えると考えられているもののひとつだ。

❏ＤＮＡチップ

ＤＮＡチップという呼び方を聞くと、半導体のようなものかと思うかもしれないが、そうではない。最もよくあるＤＮＡチップは、ガラスの上に遺伝子やＤＮＡ断片の入った液をいくつも点状にスポットしたものだ。一スポットあたり一種類の遺伝子が固定され、一枚のガラスの上には何種類もの遺伝子がスポットされる。

ここに、調べたい試料を流してやると、試料のなかにスポットの遺伝子と同じものが含まれている場合に、試料の遺伝子とスポットの遺伝子が反応する。反応した場合に、そこだけ色が変わるようにしておくと、試料のなかにどのような遺伝子が含まれているかが、一目瞭然でわかる。

たとえば、ある遺伝子にはタイプが四通りあって、それが糖尿病にかかりやすい体質と関係しているとする。別の遺伝子にはタイプが三通りあって、高血圧になりやすい体質と関係しているとする。これらの合計七通りの遺伝子をＤＮＡチップにスポットしておいて、体質を知りたい人の血液中のＤＮＡを流せば、その人の糖尿病と高血圧に関する体質がいっぺんでわかることになる。

何万種類もの遺伝子をスポットしたDNAチップを使えば、さまざまな体質や、薬に対する反応のしかたなどがいっぺんでわかるという仕組みだ。

このようなDNAチップは最初に米国で開発され、遺伝子革命時代のツールとして大きな注目を集めている。日本でも開発が始まっているが、ここでもまた、国際競争に勝てるかどうかが問題となっている。

いずれにしても、体質の遺伝子が将来の医療に大きな影響を与えることは間違いないだろう。

4章　心の遺伝子

❏双子研究

ファイルのどこを開けても双子が何組か写っている。妹がすらっと細身ならお姉さんもそう。お兄さんが分厚い眼鏡をかけていれば、弟もまた同じといった具合だ。

写っている双子の数は全部で二六〇組にのぼる。

一九九八年三月、慶応大学文学部の安藤寿康（教育心理学）は東京近辺で募集した十五歳から二十七歳の双子二六〇組を大学に呼び集め、一週間がかりで大規模な調査を実施した。

双子は初めにアンケート方式の性格検査に取り組み、次に短期記憶や空間処理能力の検査を実施した。その後、あるグループは推論や認知に関係のある課題を解き、別のグループは「パーフォーマンス調査」と呼ばれる課題に取り組んだ。
最後に一七ccの血液を採取し、それぞれ写真撮影をして調査が終了した。
検査はそれぞれ三〇分から一時間かかり、双子たちが帰宅したのは夕方だった。
「建物の一フロアを占拠したのでひんしゅくものでした。大学からは『前例としない』といわれてしまったし」。安藤は苦笑いしながら「でもおもしろかった」とつけ加えた。

双子には一卵性と二卵性がある。一卵性双生児は一つの受精卵が母親のおなかのなかで二つに割れ、それぞれが成長した結果生まれてくる。したがって、細胞のなかに入っている遺伝情報は互いに等しい。

二卵性双生児は二つの卵子に精子が受精してできた二つの受精卵がそれぞれ成長して生まれる。したがって、互いの遺伝子の類似性は別々に生まれた兄弟姉妹と変わらない。遺伝子の一致率は平均して五〇パーセントである。

一方、家庭環境が双子に及ぼす影響は、一卵性でも二卵性でもさほど変わらないはずだ。

このような違いを利用して、「遺伝と環境」が人間に与える影響を調べる大がかりな研究が海外では行われている。

日本では双子研究は一部をのぞいてあまり行われてこなかったが、一九九四年に安藤が「慶應義塾双生児研究プロジェクト」を立ち上げ、教育心理学に関わる研究を開始した。

研究のために安藤は、自ら住民台帳を繰って双子の名簿を作った。約五〇〇〇組をリストアップしたが「これでも東京の半分と近県だけにしかならない」という。

安藤はこれ以前にも、双子の協力を得て「数学能力の遺伝」をテーマに文部省の科研費を獲得している。

一方、慶応大学医学部精神神経科の大野裕は、九七年から三年間の科研費を得て「パーソナリティーの遺伝」を開始していた。

二人は同じ慶応大学に所属していたものの、医学部と文学部という通常は関わりのないところにいた。いってみれば、どちらも細々と研究をしていたわけだが、ある日偶然、学生相談室で顔を合わせ、互いの研究の共通点に気づいた。

「これは研究を進めろという天の声だ」と安藤は思ったという。

安藤と大野は仲間を集め、大規模な双子調査を計画した。それが冒頭のプロジェクトである。九八年になって風向きはさらに変わった。「ヒューマン・フロンティア・サイエンス・プログラム」という日本政府が主催する研究助成制度に応募し、年間七万ドルの研究費を手にすることができたのだ。

安藤らが掲げたテーマは「認知能力の遺伝」というなかなか挑発的なタイトルである。オランダ、オーストラリアのグループとの共同研究で三年間にわたって実施する。

日本のグループは三年間で二〇〇組の双子を対象に、ＩＱテスト、記憶の一種であるワーキング・

メモリーのテスト、課題を実施しているときの脳波を測定する。さらに言語能力と空間能力についても調査を計画する。

いったいここからどのようなことがわかるのだろうか。

❏天才の遺伝子は存在するか

ロンドンにある精神科学研究所にロバート・プロミンという研究者がいる。彼の研究内容を聞いたときに、真っ先に頭に浮かんだのは「これは危ないかもしれない」という思いだった。

なぜなら、プロミンが何年もかけて探し求めているのは「知能の遺伝子」だったからだ。

「子供の認知能力に関係する遺伝子座」。一九九八年の米国の心理学専門誌「サイコロジカル・サイエンス」五月号には、こんなタイトルの論文が掲載された。研究グループにはプロミンや、数学能力の遺伝の研究で知られるアイオワ大学のカミラ・ベンボウらが名前を連ねている。

タイトルだけではピンとこないが、米国の「ニューズ・ウィーク」誌はすかさず「天才の遺伝子?」と題した記事を掲載した。それというのも、この論文でプロミンらはＩＧＦ２Ｒという第六染色体上にある遺伝子が知能と関係すると報告していたからだ。

プロミンらはまず、クリーブランドに住む六歳から十五歳の白人の子供を五一人ずつ二グループ用意した。片方のグループはＩＱの平均値が一三六の「高認知能力グループ」、もう片方はＩＱの平均値が一〇三の「対象グループ」である。

これとは別に、結果を追試するため、数学能力と言語能力がともに高い「高認知能力グループ」五二人と、「対象グループ」（平均ＩＱ一〇二）が選び出された。さらに特に数学能力の高い「高数学能力グループ」五一人と、特に言語能力の高い「高言語能力」の六二人も調査対象とした。

これらの被験者の血液を採取し、三七個のＤＮＡマーカーを用いて分析した。もし、これらのマーカーによって「高能力グループ」とそれ以外を区別することができたら「当たり」で、そのマーカーの近くにＩＱに関わる遺伝子が存在していると解釈される。

分析の結果、最初のグループについては六番染色体の長腕にあるＩＧＦ２Ｒ（insulinlike growth factor 2 receptor）マーカーが「当たり」だった。

このマーカーは血液型の遺伝子のように多型を示すが、そのうち5型の対立遺伝子をもつ人の割合が「対象グループ」に比べ、「高認知能力グループ」に多かったのだ。逆に4型の割合は「対象グループ」のほうに多かった。これは統計的にも有意であることが確かめられた。

さらに、追試のグループでも同じ結果が得られた。「高数学能力グループ」と「高言語能力」グループでも同じ傾向だった。

あたかも「血液型がＡ型の人はきまじめだ」というかのように、「ＩＧＦ２Ｒの遺伝子型が5型の人はＩＱが高い」という傾向を示してみせたのだ。

プロミンはこれ以前にも、IQに関係する遺伝子についての研究を発表してきた。しかし、これらの研究では、あるグループで有意差があっても、別のグループでは有意差が確かめられず、信頼性に欠けていた。

「サイコロジカル・サイエンス」の論文にそれまでにないインパクトがあったのは、調査対象とした別々のグループで同じ結果が得られたためである。

しかし、この結果からIGF2R遺伝子を使って天才探しをしようとするのは早とちりである。プロミンらは「この遺伝子が認知能力に与える影響はごくわずかだ。認知能力を決定する遺伝子ではなく、せいぜい遺伝によってきまる認知能力に影響するたくさんの遺伝子のひとつにすぎない」と警告する。しかも、IGF2R遺伝子は個人の認知能力に影響を与えているのではなく、集団における平均的効果を示しているにすぎないという。

「忘れてはならないのは、高認知能力に分類された人のうち、IGF2R遺伝子を一つでももっている人は四六パーセントに過ぎないということだ」とプロミンはいう。

つまりこの遺伝子がIQに関係あるとしても、高いIQにとって必要でも十分でもないということになる。これを安藤は美人遺伝子にたとえて説明する。「目鼻立ちがきれいな人は美人かもしれないが、それは美人の必要条件でも十分条件でもない」。

さらに、認知能力に関係のある遺伝子はたくさんあって、それをすべて見つけることはできないだろうとの見通しもプロミンは示している。

❏ 知能論争

私が初めてプロミンの名前を知ったのは、彼の著書『遺伝と環境』を読んだときのことである。このなかで彼は、ＩＱや特殊な認知能力、パーソナリティーに対する遺伝の影響を詳しく論じている。それまでにも知能遺伝子探しの試みがあることは知っていた。しかし、ここまで本気で取り組んでいる研究者がいるとは思っていなかった。

知能と遺伝の関係については、昔から論争があった。それは今でも続いているといっていいだろう。

一九三〇年代に、米国の医師サミュエル・ジョージ・モートンは、「知能」を〝科学的〟に測る理論として頭蓋計測学を提唱した。頭の容量が大きいほど知能が高いという、今にして思えば笑えるような理論である。

彼は「白人の平均容量がもっとも大きく、インディアンが中位で、黒人が最も小さい」というデータを公表している。これは知能と人種、言いかえれば知能と遺伝との関係を主張したデータだが、もともと人種差別にもとづくバイアスがかかっていた。今ではまやかしのデータであることが明らかにされている。

一九〇五年にはフランスの心理学者アルフレッド・ビネーが子供の精神年齢を測る知能テストを開

発した。学業に落ちこぼれた子供を選り分け、特別な教育によって救い上げるための手段として考えたといわれる。

その後、ドイツの心理学者ウィリアム・スターンが、精神年齢を子供の実際の年齢で割ったものを知能指数とすることを提案した。これがＩＱとして認知されるようになり、現在に至るまで使われている。

ＩＱが何を測定しているのかについても議論があるが、「一般知能」を測っているというのが通常考えられていることだ。このＩＱを用いて、「人間の知能が遺伝で決まる」という遺伝的決定論を主張した人々は何人もいる。

米国のヘンリー・ゴダードはＩＱで測定される知能は生まれつきだと考え、知能はひとつの形質でメンデルの遺伝の法則に従うと結論づけた。ルイス・ターマンもまた、知能は遺伝的に決定されると し、知能テストによって知的障害者が生殖しないようにし、犯罪や非行を減らそうと提案した。

シリル・バートは一九二〇年代に、双子研究を元にして知能の遺伝的決定を支持するデータを発表したが、そのデータは意識的に操作されたものであることがわかった。

このあたりのストーリーについては、遺伝的決定論を糾弾するハーバード大学の進化生物学者、スティーブン・Ｊ・グールドが『人間の測りまちがい――差別の科学史』のなかで詳しく論じている。

グールドは『パンダの親指』などの著作で知られる売れっ子の学者だが、生物学的決定論に批判的立場をとる論客としても知られる。彼の著書を読むと、知能測定がいかにバイアスのかかったものだったかがよくわかる。

しかし、知能の遺伝的決定論は過去の亡霊ではない。

カリフォルニア大学の教育心理学者、アーサー・ジェンセンは一九六九年にバートのデータを引用して「米国の黒人と白人の知能の差は遺伝による」と主張した。このためジェンセンは学生運動の槍玉にあげられ、殺されそうになったこともあるという。

さらに最近では、名門ハーバード大学の心理学の教授だった故リチャード・ハーンスタインとMITのチャールズ・マリーが一九九四年に発行した著書『ベルカーブ』が物議をかもした。

ベルカーブは統計学でいう正規分布を表すベル形の曲線のことで、この著書ではIQの分布を暗示している。二人はその人の職業や社会的地位、犯罪、福祉への依存などがIQと密接に結びついていると主張し、その差は遺伝によるものだと示唆した。さらに、貧困層がたくさんの子供をもち、IQの高い女性が子供を生まないことによって、集団の遺伝的衰退を招く恐れがあると指摘した。

『ベルカーブ』は米国で大論争を巻き起こした。ヒトゲノム研究のELSI問題に取り組むNIHとDOEの合同作業グループは、遺伝学者ではない二人が書いたこの本に対する声明を一九九六年に公表し、内容の誤りや遺伝学の誤用を指摘した。米国遺伝医学会もこの問題をとりあげた。

このような歴史を振り返れば、知能遺伝子の話は「危ない」と感じた背景は理解していただけるだろう。

しかし、プロミンに対する風当たりは予想以上に弱い。彼の論文は特段の批判を受けていないし、学会からの批判もない。プロミンと親交のある安藤は「彼は賢く、ニュートラルな考えをもった人間なのです」と評する。

安藤らの研究も、一部の人から批判を受ける恐れはあるが、彼らはさほど心配していない。しかも安藤らがヒューマン・フロンティア・プロジェクトで直接めざしているのは、プロミンのような知能遺伝子探しではない。「遺伝のことが正しくわからなければ、遺伝への偏見もなくならない」というのが安藤の立場である。

❏性格

「まったくあんたはおとうさんに似て頑固なんだから」「気が弱いのは親譲りね」。日常的な会話のなかでなにげなく語られる言葉は、性格の遺伝を肯定している。

性格の遺伝子は存在するのだろうか。

「人間の気質を左右する遺伝子が染色体十一番にのっている」。こんな論文が一九九六年一月、米国の専門誌「ネイチャー・ジェネティクス」に発表された。イスラエルにあるメモリアル病院のリチャード・エブスタインのグループと米国立精神医学研究所のジョナサン・ベンジャミンのグループが別々に行った研究で、脳内で働くドーパミンという物質のD４受容体遺伝子（D４DR）が、

「novelty seeking（新奇性追求）」と呼ばれる性格特性と結び付いていたというのだ。

ドーパミンは感情などに作用するといわれる脳内の神経伝達物質である。うつ症状を示す人の脳のなかではドーパミンの作用が低下していることが知られている。それとは逆に精神分裂病の一因にはドーパミンの過剰な作用が関係していると考えられている。

新奇性追求というのは、性格検査で測られる気質のひとつで、この気質特性が強い人は、衝動的で探索好き、気まぐれで興奮しやすく、短気で浪費家の傾向があるといわれる。クロニンジャーは「新奇性追求」に加え、「害を避ける」「報酬に依存する」「固執する」を四つの独立した気質特性の軸として提案し、遺伝の影響が強いと主張した。

ドーパミンと新奇性追求のあいだに関係がありそうだということは、それ以前からいわれていた。パーキンソン病の患者は脳内のドーパミンの分泌量が減少していることが知られているが、患者のあいだには新奇性追求タイプが少ないという報告があったし、遺伝子操作でドーパミンが働かないようにしたマウスは行動が鈍いという報告もあった。

ドーパミンと結合して作用する細胞のドーパミン受容体にはD1からD5まで五種類ある。D4受容体の遺伝子には二四個の塩基対を一単位とする繰り返し配列（リピート）があり、その繰り返し数が人によって二個から八個と異なることが知られていた。

エブスタインらは大学の学生やスタッフ一二四人を対象に「クロニンジャーのTPQ」と呼ばれる性格テストを実施する一方、彼らの血液を採取してD4DR遺伝子を調べた。その結果、D4DRに存在する繰り返し配列が七回の人に、新奇性追求の性格特性をもつ人が多い傾向があったという。本当なら、人間の性格特性に遺伝子が関係していることを示す驚くべき結果である。

この報告を知った慶応義塾大学医学部の精神科の大野裕らは、さっそく日本人でも調べてみることにした。女子学生一五三人を対象に、TPQを発展させたTCIの日本語版を使って性格検査を実施し、採取した血液のD4DR遺伝子の繰り返し数を計測した。

その結果、まずわかったのは、リピートの数の分布自体が白人と日本人では異なることだった。大野の実験に参加した女子学生の遺伝子型のなかで最も多いリピート数は四回で、全体の八割にのぼった。次いで二回が二割弱を占め、六回のリピートをもつ人は二人、七回のリピートをもつ人は一人もいなかった。エブスタインのデータでは、リピート数が七回の人が一二四人中三四人、ベンジャミンのデータでは六回以上の人が三一五人中九八人を占めていたのと比べると、圧倒的に繰り返し数の長い人が少ない。

そこで大野らは全体を、リピート数が二回から四回の「短い」遺伝子だけをもつ一三四人と、五回から六回の「長い」遺伝子をもつ一九人の二グループに分けて、気質特性との関係を分析した。その結果、リピート数が多いほうが新奇性追求の気質特性を構成する探索興奮性（exploratory excitability）の得点が高いことが確かめられた。しかし、それ以外の構成要素とは有意な相関がなかった。

大野らはこの結果を専門誌に発表したが、そのなかで、世界中の分布を比較したところアジア人は繰り返し配列が六回以上の人が少なかったという別の研究も紹介している。

❑不安

一九八六年に米国で売り出されたプロザックという薬をご存じの方も多いのではないだろうか。この薬は病的な不安を抱えるうつ病患者の抗不安薬として開発されたのだが、いざ使ってみると病気とはいえないような軽い不安にもよく効くことが明らかになり、脚光を浴びた。米国では、普通の人々がこの薬を服用するようになり、「心の美容薬」などと呼ばれるようになった。

プロザックにはセロトニン・トランスポーターという生体内の物質の働きを妨げる作用がある。セロトニンはドーパミンのような神経伝達物質のひとつで、脳の視床下部や大脳辺縁系などに多く存在し、不安や恐怖などをコントロールしていると考えられている。

ひとつの神経細胞から次の神経細胞に情報が伝わる際には、神経繊維の末端部分にある小胞から神経細胞同士の接合部（シナプス）に伝達物質が放出される。放出された伝達物質は次の神経細胞の受容体に結びついて情報を伝える。放出後に余った伝達物質は再び取り込まれて再利用されるが、この取り込みに働くのがトランスポーターである。

うつ病の人はもともとセロトニンの分泌量が少なく、これが不安につながっているらしい。プロザックはセロトニン・トランスポーターの働きを抑えることによってセロトニンの働きを調節し、抗うつ作用を発揮する。

普通の人のなかにも不安を感じやすい人と、感じにくい人がいるのは確かだが、それもまた、セロトニンと関係しているのだろうか。

米国のレッシュのグループはセロトニン・トランスポーターの遺伝子に、人によって四四個の塩基対が挿入されている「長い」遺伝子（l）と、挿入のない「短い」遺伝子（s）をもつ人がいることに着目し、性格特性との関係を調べた。その結果、短い対立遺伝子が、健康な人の神経症傾向や不安と関係していることを発見した。

大野と国立療養所久里浜病院のグループはこれについても女子学生で確かめてみた。二〇三人を対象に、TQQの拡大バージョンであるTCIとNEO‐PIという性格テストを実施し、血液を採取してセロトニン・トランスポーターの遺伝子型を調べた。この場合もまた、D4DRと同様に遺伝子型の分布はレッシュの結果と大きく違った。

大野らのデータでは対立遺伝子が両方とも短いs／sタイプの人が六八・五パーセント（レッシュでは一八・八パーセント）、l／sタイプが二九・六パーセント（同四八・九）、l／lタイプが二パーセント（同三二・三）で、長い対立遺伝子をもつ人がレッシュのデータに比べてかなり少なかった。このため、分析は難しく、対立遺伝子と不安に関係する性格特性との関係は見いだせなかった。

しかし、気になるのは、レッシュが不安と関係していると主張する「短い対立遺伝子」が、白人に比べて日本人に多いことである。もしかして、対立や議論を嫌い、和を重んずる大和民族に、不安遺伝子が集積している可能性はないだろうか。そう考えると、D4DRの繰り返し配列数が日本人は少ないのも、新奇性を追求したがらない遺伝子が、日本人には蓄積しているためとは考えられないだろうか。

もちろん、今のところ何の証拠もないが、そんなこともありそうな気がしてくる。大野自身もそのように考え、著書『弱体化する生物、日本人』のなかで「私たち日本人は、よくいえば慎重に、逆の言い方をすれば臆病に生まれつく傾向があるようなのです」と述べている。

では、病的な不安にもこの遺伝子の多型が関係しているのだろうか。「正常な不安」と「病的な不安」を区別するのは難しいが、病的な不安は長く続いて我慢できないほどの苦痛を伴い、生活までが変わってしまう。人にはなかなか理解されず、また起きるのではないかという不安がある。このような不安障害にはパニック障害や強迫性障害、社会恐怖などがある。

一般の人にはパニック障害というのは聞き慣れない病気だと思うが、決してめずらしい病気ではない。専門家の貝谷久宣は、宮本輝のエッセイ集『命の器』に納められている「命の力」の一節が、まさに典型的なパニック障害の症状だと指摘している。その一節を引用してみよう。

「電車の中で、強い眩暈と動悸と不安感に襲われたのである。（中略）その発作がやってくると、全身は鳥肌だち、冷や汗が流れ、息が苦しくなり、今にも死んでしまうような恐怖に包まれてしまう」。

パニック障害に遺伝的背景があることは家系調査や双子の調査からいわれていた。そこで、国立療養所久里浜病院の樋口進のグループは、八六人のパニック障害の患者についてセロトニン・トランスポーターの遺伝子を調べてみた。コントロールとして二一三人の障害のない人についても調べた。

その結果、コントロールではs対立遺伝子が七七パーセント、1が二三パーセントだった。白人のデータではそれぞれ五七パーセント、四三パーセントで、ここでもまた、日本人は1が少ないことが示された。しかし、パニック障害の人とコントロールとでsと1の割合はあまり変わらなかった。

そこで、樋口らは発症年齢に着目して、四十歳以上で発症した晩期発症型と、四十歳未満で発症した早期発症型の二グループに分けて分析してみた。それでも傾向は変わらなかった。「日本人の少ない1のために、傾向が隠されている可能性もある」と樋口らは考えているが、今後確かめなくてはならない課題である。

❏アルコール依存

「性格に関わる遺伝子が存在する可能性は十分ある」と東京大学の石浦章一はいう。石浦はいちはやく性格や感情などに関係のある遺伝子に興味をもった日本人研究者の一人である。性格どころか、へビースモーキングや薬物依存にも遺伝子が関係しているかもしれないというのが、石浦の見解である。

新奇性追求との関係が疑われるD4DR遺伝子は、アルコール依存症や薬物中毒とも関係しているという仮説がある。性格や喫煙ならまだしも、アルコールや薬物の依存症となると話は重くなってくる。

アルコール依存症に遺伝的背景がある可能性は双子研究や家系研究などで示されてきた。これまでの研究で、アルコール依存症と関係があると指摘されてきたのはアルコールを体内で分解するときに働く酵素、ADH2とALDH2の遺伝子型である。ADH2はアルコールをアセトアルデヒドに分解するときに働き、ALDH2はアセトアルデヒドを分解するときに働く。ADH2の遺伝子には高活性型と通常の活性型の二つの型があり、ALDH2には活性型と不活性型の二タイプがある。

私自身はビール一杯で真っ赤になってしまうタイプで、二杯も飲むと頭痛がしてくる。このような症状は東洋人（オリエンタル）に多いことから、「オリエンタル・フラッシング」と呼ばれることもある。この反応を起こす物質の正体は、アセトアルデヒドである。

久里浜病院の樋口のグループはアルコール依存症の患者六五五人とコントロールの四六一人について、ADH2とALDH2の遺伝子型を調べた。すると、アルコール依存症の患者とそうでない人のあいだで、遺伝子型の頻度が大きく違うことが明らかになった。

アルコール依存症の患者は、そうでない人にくらべると、活性型のALDH2遺伝子と通常活性型のADH2遺伝子をもつ人が非常に多かったのだ。これは考えてみればもっともで、活性型のALDH2遺伝子をもつ人はアルデヒドをすばやく分解できる。ADH2遺伝子が通常の活性だと高活性の人に比べてアルデヒドはできにくい。したがって、この二つの組み合わせをもつ人は、お酒を飲んでもアルデヒドが血液中にたまりにくい。

アルデヒドは二日酔いの症状を引き起こす物質で、血液中にたまると当然気分が悪くなる。お酒を飲んだときに顔が赤くなったり、心臓がどきどきしたり、頭が痛くなったりするのも、アルデヒドのせいだ。したがって、アルデヒドがたまりにくい人は、いくらお酒を飲んでもさしたる不快な思いをしないですむ。

樋口らは、通常活性のADH2をもつ人は高活性の人に比べてアルコールの血中濃度が下がりにくいため、アルコール依存症の発症に影響を与えるという解釈も提案している。

さらに、ALDH2の対立遺伝子が両方とも不活性型である人は、アルコール依存症の患者には一人もいなかった。このタイプの人はお酒を飲むと真っ赤になってしまう人たちで、そもそもお酒をほとんど飲まないのでアルコール依存症になりようがないためと考えられる。

しかし、ADH2とALDH2の遺伝子型だけではアルコール依存症は説明しきれない。ALDH2遺伝子の不活性型をもつ人のなかにも、アルコール依存症の人はいる。それは他にもアルコール依存症にかかりやすくする遺伝子があるからではないだろうか。

そう考えた樋口らはドーパミンの受容体であるD4DR遺伝子に注目した。ドーパミンは脳の「報酬システム」に関係し、D4DRの多型はドーパミン受容体の働きに影響を与えることがわかっていたからだ。

樋口のグループはアルコール依存症の六五五人と年齢がほぼ等しいコントロール一四四人についてD4DRのなかの繰り返し数とALDH2の遺伝子型を調べた。ALDH2の不活性型遺伝子をもっているにもかかわらずアルコール依存症にかかった患者に、ドーパミンの働きが関係しているのではないかとの仮説にもとづいた調査である。

データは予測を裏切らなかった。ALDH2の不活性型をもつアルコール依存症患者には、D4DR遺伝子の繰り返し数が五回の人の割合が有意に高かったからだ。コントロールの人のD4DRの型の分布は、ALDH2の型とは関係がなかった。

このデータは「ALDH2が不活性型の人は、アルコールがうまく分解できず不快な思いをするにもかかわらず、D4DR遺伝子の繰り返し数が五回以上だと、不快を乗り越えても飲酒し、依存症になる傾向がある」と解釈できるが、本当にそうかどうかはまだわからない。

ドーパミン・トランスポーターとコカインや覚醒剤の作用との関係を動物実験で示したのは米国・ハワードヒューズ医学研究所のブルーノ・ギロスらのグループである。ギロスらは遺伝子工学の手法でドーパミン・トランスポーターの遺伝子をノックアウトして働かないようにしたマウスを作り出した。

ドーパミン・トランスポーターは神経細胞の末端から放出された過剰なドーパミンを再吸収すると

きに働く物質である。したがって、この遺伝子が働かないとシナプス間隙にドーパミンが過剰になり、働きが亢進されるはずだ。実際、ギロスらが作ったノックアウトマウスは行動が過剰になり、ドーパミンの働きが高まっていることを示した。

さらに、覚醒剤のアンフェタミンを与えたところ、普通のマウスは動きが活発になったのに、ノックアウトマウスにはそれ以上の効果がなかった。アンフェタミンやコカインの標的が、このドーパミン・トランスポーターであるため、トランスポーターが存在しない場合には効果が発揮されないことを示している。

❏攻撃性をめぐる論争

暴力的な犯罪を犯した少年容疑者の事件が話題にのぼったときのことである。一人がこんな意見を述べた。

「もしかするとあの子はY染色体が多いんじゃない？　そうすると攻撃的になるんでしょ。染色体は検査したのかなあ」。

これを聞いて、あわてて「その話はデータにバイアスがかかっていて、信憑性がないことが証明されたはずだけど」と答えたものの、なんともいえず複雑な気持ちになった。

話は一九六〇年代に遡る。英国のパトリシア・ジャコブのグループは、攻撃行動と男性の性染色体異常との関係を示唆する調査を一九六五年の「ネイチャー」誌に発表した。続いて六六年には英国シェフィールド大学のＭ・Ｄ・ケーシーらが、「ＹＹ染色体と反社会的行動」と題した論文を「ランセット」誌に発表した。六七年には、Ｗ・プライスとＰ・ワットモアが、犯罪歴のある精神障害者を収容した国立病院の入院患者について性染色体を調べた結果を発表した。

この病院には性染色体がＸＹＹの男性が九人いて、人口あたりのＸＹＹ男性の割合に比べて多かった。このことから、彼らは「これらの男性の反社会的行動は、余分なＹ染色体に関係がある」との仮説を提案した。さらに、兄弟姉妹に犯罪歴がほとんどないことを調べて、環境ではなく染色体に原因があると結論付けたのだ。

通常、ヒトの性染色体は女性が二本のＸ染色体、男性がＸ染色体とＹ染色体で構成されている。Ｙ染色体は、ほうっておいたら女性へと発達する受精卵を、男性へと方向付ける役割を果たしている。このため、ＸＹＹ男性はかつて「スーパー・メール（超男性）」と呼ばれたが、特に彼らが男っぽいとか、男性の特徴を過剰に備えているということではない。むしろ、超男性のイメージのために、暴力や犯罪と結びつけられたと考えられる。

Ｙ染色体と犯罪の関係は、大きな論争を呼んだが、今では、染色体がＸＹＹであることと、犯罪を犯しやすいこととのあいだには関係がないことがわかっている。

しかし、人間の攻撃性を遺伝子に求める研究は終わったわけではない。

一九九三年十月、米国の「サイエンス」誌に「人間の攻撃性に関係のある遺伝子がある」という研究結果が掲載され、新たな論争に火を付けた。オランダの研究チームは、放火、強姦など暴力的な行動をとる傾向のある男性が多いオランダの大家系を調べ、神経伝達物質であるモノアミン酸化酵素A（MAOA）の遺伝子の変異が男性の暴力行為と関係していると結論づけたのだ。

これとは別に、MAOA遺伝子の働きが抑えられた雄マウスが攻撃的になったという研究結果もフランスのグループが翌年に発表している。このマウスの脳内のモノアミンを調べてみたところ、セロトニンが通常のマウスよりも増えていることがわかったという。

MAOAの遺伝子は性染色体のX染色体上にあり、これに欠陥があるとMAOAがうまく作れない。その結果、セロトニンやドーパミン、ノルアドレナリンの三つの神経伝達物質を代謝することができなくなる。つまり、これらの物質が脳内に過剰になってしまい、攻撃行動が誘発されるという解釈が成り立つ。患者は男性ばかりだが、女性の場合はX染色体を二本もっているので、片方に異常があってももう片方の正常遺伝子が働くためだというのだ。

しかし、ここでもまた、MAOA遺伝子に変異があれば必ず暴力に走るといった短絡的な考えに気をつけなくてはならない。そんな証拠はどこにもない。

だいだい、セロトニンについていえば、その過剰と欠乏がどのような精神状態に結びついているのかさえ、人によっていうことが違う。時にはセロトニンの過剰が攻撃性を高めるといわれ、時には過剰が不安を高めるといわれる。

暴力に走りやすい人がいるのは確かかもしれないが、それを一つか二つの遺伝子だけで説明するのには無理があるのではないだろうか。

❏性的指向

女性を好きになるか、男性を好きになるか。そんな微妙な心の動きもまた、生物学に左右されていると主張する研究が論争を呼んでいる。論争の口火を切ったのはソーク研究所に所属していた神経科学者、サイモン・ルベイである。

ルベイは一九九一年の「サイエンス」誌に「同性愛者の男性の脳はそうでない男性の脳と構造が違う」という研究データを発表した。脳の視床下部の一部を調べたところ、女性のほうが男性よりも小さく、ゲイの男性のその部分は女性と同様に小さかったという。この部分は性行動のコントロールに関係しているといわれていた領域である。

このデータは性的指向が脳の構造に左右される可能性を示していたため、センセーションを巻き起こしたが、一方でデータに対する批判も強かった。批判のひとつは、同性愛かそうでないかの分類が面接にもとづくものでないため、ストレートに分類された男性が本当に同性愛ではなかったかどうかがわからないという点である。また、同性愛に分類された男性は全員エイズにかかって死亡した人たちであることから、エイズウイルスによる影響があったのではないかという指摘もある。

結局、この問題には決着がついていないが、これとは別に性的指向の遺伝を扱う研究が進められている。

たとえば、ゲイかバイセクシュアルの男性で、双子の兄弟、もしくは同年齢の養子の兄弟がいる人を募って、兄弟の性的指向を調べた研究がある。その結果、一卵性双生児の兄弟がゲイであるケースは、二卵性双生児や養子の兄弟がゲイであるケースに比べて有為に多かった。このデータから同性愛の遺伝率を計算すると、五四パーセントにのぼったという。

さらにもう一歩進めて、「同性愛の遺伝子」を探す試みも登場した。米国立衛生研究所（NIH）のディーン・ヘイマーのグループは性染色体に注目し、自分が同性愛であると認めている一一四人の男性を選んで調査した。彼らの家系に男性の同性愛者がいる確率は、一般の人に比べて高く、しかも母方に伝わっていく傾向が見られた。これは、X染色体上に原因となる遺伝子がある可能性を示している。

そこでヘイマーらは兄弟がともに同性愛である四〇組について、X染色体の特定の領域を調べてみた。その結果、この領域に存在する遺伝子マーカーを共有する割合がそれ以外の男性に比べて高いことがわかった。

これらのことから「X染色体上にゲイの遺伝子が存在する」という可能性が浮かび上がったが、この研究には当然のことながら反論がある。同様の調査をしてもそのような傾向はなかったという報告もある。

　ゲイの人々にとっては性的指向が生物学的に決まっているとわかったほうが、倫理の問題だといわれるよりも望ましいことだと聞くが、科学的な評価はまだ定まっていない。どちらにしても、個人の（あるいは遺伝子の）自由だと私は考えている。

5章　遺伝子診断

❑遺伝子診断ビジネス

「とうとう日本もここまできたか」。インターネット上でそのホームページを見たときには、驚きとも、あきらめともつかない複雑な思いがよぎった。似たようなものは米国のホームページで見たことがあったが、日本に上陸するのはまだまだ先のことだとたかをくくっていた。

それは、民間会社が開設した遺伝子診断ビジネスのホームページだった。「DNA診断のご案内」とあって、DNA親子鑑定、DNAバンキング、遺伝性疾患キャリア診断が並んでいる。

このうち、遺伝性疾患キャリア診断のページには、家族性のがんや遺伝性疾患など六一項目の診断可能な疾患名が列挙されていた。性別判定の項目もあげられている。

米国の企業や研究所と提携して始めたビジネスで、これらの診断を個人から受け付け、血液などのサンプルを米国で解析し、結果を知らせるという。

ホームページが開設されたのは、一九九八年の八月のことだった。九九年一月には、その存在を知った日本人類遺伝学会や、家族性腫瘍研究会の医師らが、これを重く受けとめて対策の検討を始めた。専門家のあいだでは「遺伝カウンセリングはどうなっているのか」「病気の記述に誤りがあるが、遺伝の専門医がちゃんといるのか」「日本での倫理的な議論を知らないのではないか」など、疑問の声が次々とあがった。

結果的にホームページからは「遺伝性疾患キャリア診断」が削除された。しかし、現時点で日本にはこのようなビジネスを規制する法律やガイドラインがあるわけではなく、強制的に禁止するわけにはいかない。

米国に同様の民間会社がある以上、今後もこのようなビジネスが日本に上陸してくることは避けられそうにない。

問題のホームページで「遺伝性疾患のキャリア診断」と呼ばれていたのは、個人の遺伝子を解析して、将来、特定の病気にかかる可能性が高いかどうかを調べる遺伝子診断の一種である。

遺伝子診断とひとことでいっても、目的に応じてさまざまな種類がある。すでに発病している人の病気の原因を確定するために実施される確定診断以外に、将来病気になる可能性を検査する発症前診断、胎児の病気を調べる出生前診断などがあるが、いずれの場合も気軽に受けられるものではない。

なぜなら遺伝子診断は、「病気が心配だから診断を受けて、結果が陰性なら安心できる」というほど、単純なものではないからだ。

❏発症前診断

東大医学部神経内科の教授である金澤一郎は、何カ月ものあいだ悩みを抱えていた。どう考えても自分一人では結論が出せそうにない。

思い悩んだ末に研究室の電話をとった。いつもはなかなか連絡のとれない相手だが、この日に限って電話の向こうで本人が答えた。「ちょっと、ご相談したいことがあるんですが」とだけいってその場で約束をとりつけると、金澤は構内を五分ほど歩いて医学部の別の建物に入った。

目指す訪問先は国際保健学科の教授（当時）である大井玄の部屋だった。一九九三年のこのとき、大井はもうひとつ別の肩書きをもっていた。東京大学医学部倫理審査委員会の委員長である。

金澤の専門は神経変性疾患である。そのなかでもハンチントン病の国内には数少ない専門家の一人である。そのハンチントン病の発症前診断を実施するかどうかで、金澤は悩み抜いていた。

それというのも、一九九三年三月の「セル」誌に、グゼラのグループがハンチントン病の原因遺伝子を特定したと発表したからだ。

実はそれより十年前に、グゼラらがハンチントン病の原因遺伝子を染色体四番の短腕に位置決めした時点で、この病気はある程度まで遺伝子診断できるようになっていた。原因遺伝子のそばにある多型マーカーを利用する間接的な方法で、そのためには診断の対象者以外の家系のメンバーのDNAも分析する必要がある。

金澤も、研究レベルではこの多型マーカーを使った遺伝子診断を実施したことがある。グゼラらの報告したマーカーが、日本人の患者家系でも同じようにハンチントン病と連鎖しているかどうかを確かめるのが主な目的だった。このため、まだ発病していない家系のメンバーについても調べており、原因遺伝子に異常がある可能性が非常に高い人も検出されていた。

このころから金澤のもとには、家族にハンチントン病の発病者がいる人から「自分が将来発病するのかどうか、遺伝子診断をして欲しい」という依頼が舞い込んでいた。その申し出に対し金澤は、診断には本人だけでなく、家族の血液が必要になること、場合によっては診断がつかないこともあるなどの理由をあげて、遺伝子診断を断り続けてきた。

だが、遺伝子そのものが見つかった以上、そんな言い訳はきかない。ハンチントン病の遺伝子診断は、簡単で確実にできるようになったのだ。間接的な診断と異なり、本人の血液さえあれば、遺伝子に異常があるかどうかほぼ百パーセント診断がつく。ハンチントン病の場合、遺伝子の異常はいずれ確実に発病するということを意味する。

遺伝子発見のニュースを知った人からは、「親が発病している。自分の遺伝子をどうしても調べて欲しい」という真剣な依頼が来た。その結果に、婚約者との結婚をどうするか、決断がかかっているという人もいた。

「もう逃げ道がない」。金澤が大井の部屋を訪れたのは、悩んだ末のことだった。

金澤の申請を受けた倫理委員会は、四回の審議を経て、一九九三年の末に基本的に診断を認める結論を出した。

金澤は倫理委員会に診断を申請する時点で、自ら考えた四つの条件を付けた。対象者はハンチントン病の家系であること、二十歳以上の成人で遺伝学の知識があること、自発的に診断を希望していること、カウンセリングなど診断後の精神的・医学的サポートが確立していることである。

倫理委員会もまた、この条件を受け入れた。これで金澤は発症前診断をすることを公式に認められたわけだが、悩みはかえって深くなった。その後、何人かの発症前診断を希望に応じて行ったが、詳しい話は語ろうとしない。そして機会があるごとに「本当は診断したくない」と話す。

診断の結果が「異常なし」なら、もちろん本人も家族も、そして金澤もハッピーに違いない。だが「異常あり」だとしたら。

金澤は以前から「診断を受けようとする人の多くは、自分が陰性であることを知りたくて受けるのだ」という印象をもっている。したがって、診断結果が陽性であったときの心構えが本当にできているのかを見極めなくてはならない。

何年か前から金澤は、自分で考えた発症前診断を行わざるをえない時の条件をシンポジウムなどで話すようになった。

まず対象となる疾患を、治療法があるかないかで二つに分け、さらに精神症状を引き起こす病気かどうかでさらに二つに分ける。このうち「精神症状を起こし」かつ「治療法がない」場合には、発症前診断はしないほうがいい、というのが金澤の考えである。

しかし、そういってみたからといって問題が解決するわけではない。金澤が診断しなければ別の医療機関へ行って診断を受ける人が出てくる。その医療機関が金澤のような専門家だとは限らない。「だから逃げてはいけない」という医師もいる。

金澤のジレンマは、ハンチントン病に治療法が開発されるまで、終わりそうにない。

❑がんのリスク診断

ハンチントン病の発病予測は、「たったひとつの遺伝子変異が、成人になってからほぼ百パーセント病気を引き起こす」という性質をもった遅発性単一遺伝子病の発症前診断の典型的な例である。これ以外にも、同じような性質をもった単一遺伝子病の発症前診断が可能になっている。たとえば、家族性アミロイドポリニューロパシーは全身にアミロイドと呼ばれる溶けにくい物質が徐々に沈着し、二十歳代から四十歳代で発病する常染色体優性の遺伝性疾患だが、原因遺伝子がわかっているため遺伝子診断でほぼ確実に発病予測ができる。

　しかし、遺伝子診断には結果の解釈がもう少し微妙なものがある。遺伝子変異の存在がそのままイコール発病ではなく、環境要因が関わっている場合や、複数の遺伝子変異が発病に関わるケースである。

　その代表的な例はがんの発症前診断だが、これもまたがんの種類によって意味合いが異なる。見た目はハンチントン病と同様に、ひとつの遺伝子変異がほぼ百パーセント発がんにつながる場合と、発がんのリスクを高める場合とがあるからで、リスクも遺伝子によってさまざまに異なると考えられる。

　家族に患者が多発する遺伝性のがんは、遺伝子診断による発症前診断がいち早く臨床応用されるようになった病気のひとつである。日本で一番最初に発症前遺伝子診断が臨床応用されるようになったがんは、家族性大腸ポリポーシスだと思われる。世界的に有名な日本の遺伝子ハンター、中村祐輔のグループが一九九一年に原因遺伝子を発見した家族性のがんのひとつだ。

　ある家系に、大腸ポリポーシスにかかる人が何人もいたとする。患者の一人に家族性大腸ポリポーシスの原因遺伝子であるAPC遺伝子の変異が見つかったとしよう。しかも、その変異はがん細胞そのものの遺伝子だけでなく、血液細胞やからだの他の細胞にも存在していたとする。その場合、この患者はAPC遺伝子の変異を両親のいずれかから受け継いでいるということになる。

　つまり、受精卵の時にAPC遺伝子に変異があったために、体中の細胞にこの変異が入っているわけだ。

すると、家系のほかの患者にも同じ遺伝子異常がある可能性があるし、現在は健康な家系のメンバーにもAPC遺伝子の異常がある可能性がでてくる。

2章でも述べたが、APCはがん抑制遺伝子の一種で、二つある対立遺伝子の片方に異常が生じただけではがんにはならない。正常な側の対立遺伝子が働いて、がんになるのを防いでいるからだ。しかし、正常な側の対立遺伝子にも変異が生じると、発がんを防いでいた防波堤に穴があく。

人間は普通に生活していても、環境からの影響で遺伝子に傷がつくことは免れない。ちょうど同じ対立遺伝子の両方に相次いで傷がつく確率は低いが、すでに片方に傷がついていた場合には、多数ある細胞のうちのひとつで、もうひとつの対立遺伝子に傷がつく可能性は非常に高い。このため、APCは劣性であるにもかかわらず、現在は健康な人の遺伝子を調べることによって、その人が将来、大腸ポリポーシスを経て大腸がんにかかるかどうかが予測できる。遺伝子に変異があることがわかれば、定期検査を続けて、ある時点で大腸切除することによって治療することができる。

遺伝性乳がん・卵巣がんの原因遺伝子であるBRCA1やBRCA2が家系に伝わっている場合も同様だ。ただし、これらの遺伝子の場合は発症前診断で遺伝子に変異が見つかっても、将来の発病率は百パーセントではない。

これらのことから、遺伝性のがんの遺伝子変異の診断は、欧米では「Predispositional Testing」「Susceptibility Testing」と呼ばれることが多い。日本語訳として「易罹患性診断」という言葉が用いられるが、わかりやすくいえば、「がんにかかりやすいかどうかの診断」、つまり「リスク診断」と言いかえてもいいだろう。

米国臨床がん学会（ASCO）は、このような遺伝性のがんの易罹患性診断を三つのレベルに区分けし、一九九七年には学会のメンバーによる次のような新バージョンが公表されている。

・グループ1

詳細がよくわかっている遺伝性のがんの家系を対象とする検査。検査の結果が診療方針の決定のために重要で、遺伝子検査が標準的な医療の一環となる。

家族性大腸ポリポーシス（遺伝子はAPC）
多発性内分泌腺腫症2A型（RET）
網膜芽細胞腫（RB1）
フォンヒッペルリンドウ病（VHL）
ブルーム症候群（BLM）
神経線維腫症1型（NF1）
神経線維腫症2型（NF2）

・グループ2

検査結果が正常な場合は受診者にとって心理的な利益があるかもしれないが、変異の保因者にとっては医学的な有用性があることは推定できても、確立していない遺伝性がんの検査。

遺伝性非ポリポーシス性大腸がん（MSH2、MLH1、PMS1、PMS2）
遺伝性乳がん・卵巣がん（BRCA1、2）
リー・フラウメニー症候群（p53）
遺伝性黒色種（CDKN2／p16、CDK4）

がんの家族歴がなく、生殖細胞の変異の検出の意義が明らかでない検査。または生殖細胞の変異が一部の家系だけで検出されている場合や、変異があるとわかっても診療上の有用性が不明確な場合の検査。

・グループ3

末梢血管拡張性運動失調症（ATM）
ゴーリン症候群（PTH）

だが、たとえグループ1に属する遺伝性のがんでも、遺伝子診断の利用は簡単な話ではない。いつ診断を受けることが望ましいのか、遺伝子変異が見つかった場合に、家系の他のメンバーに誰が、どのようにして情報を伝えるかといった問題が横たわっている。BRCA遺伝子の変異の場合、米国では発病を予防するために発病前に乳房の切除を選択するケースもあるが、これもまた簡単に決定できる話ではない。

がんの発症前診断には、遺伝性ではない通常のがんを対象としたものも考えられる。しかし、通常のがんの場合には、発がんに関係する遺伝子は複数あり、しかもこれに環境要因が加わって発がんに至るので、発症前診断で将来の発がんのリスクを予測するのはそう簡単なことではない。

血液型の違いのように、発がんのリスクを高める遺伝子型の違いが存在する可能性はあるが、今のところ、はっきりしているものはない。

❏がん細胞を調べる

ここまで述べてきたがんの遺伝子診断は、生殖細胞に端を発する遺伝子変異を調べる話だった。繰り返しになるが、このような変異は体中のどの細胞をみても、同じように存在する。したがって、血液の細胞を調べても、皮膚や筋肉の細胞を調べても、同じように変異が見つかる。

一方、すでにがん化した細胞をターゲットとした遺伝子診断もある。

このようながん細胞の遺伝子診断は、体のなかにがん細胞があるかどうかを調べる診断と、悪性度や転移しやすさ、抗がん剤の効きやすさなど、がん細胞の性質を判断する診断に大きく分けられる。

がん細胞があるかどうか調べる遺伝子診断は、言いかえればがんにかかっているかどうかを調べる診断でもある。たとえば、便のなかにはがれ落ちてくる大腸の細胞を遺伝子診断し、がん細胞に特有の遺伝子変異が発見された場合、大腸がんにかかっている可能性が高くなる。また、喀痰のなかの細胞を遺伝子診断し、肺がんに関係のある遺伝子変異がないかどうか調べることもできるだろう。ただし、これまでのところ、特定の遺伝子変異が大腸がんや肺がんの細胞に見られる割合は低く、実際に日常的な診療に応用するにはいたっていない。

一方、がんの性質を判断するための遺伝子診断は、臨床応用への道が開けてきたといってもいいだろう。

がんが他の臓器に転移しているかどうかのひとつの目安となるのは、リンパ節への転移の有無だ。手術する際に近くのリンパ節を切除して、ここにがん細胞がないかどうかを調べる病理学的な検査が一般に行われている。病理学検査というのは、組織を固めて薄くスライスし、顕微鏡で調べる方法だ。しかし、がんはたったひとつの細胞からでも発病するため、病理学検査だけで判断するのは難しい面もある。そこで、リンパ節の細胞を遺伝子診断し、転移の有無を調べる検査が一部で実施されている。

これとは別に、患者のがん細胞に抗がん剤や放射線が効きやすいかどうかを調べる遺伝子診断も研究が進んできた。

❏生活習慣病の体質診断

遺伝性ではない通常のがんは、生活習慣病に分類されることもある。遺伝子変異が生じやすい生活を続けるかどうかが、発がんのリスクに関係していると考えられるからだ。

このように、かつては成人病、いまでは生活習慣病と呼ばれる病気の背景には遺伝子の個人差が関係していると考えられ、将来の発病のリスク診断をめざした研究が進められている。最近になって関心が高まっているのは、3章で述べたスニップ（一塩基多型）を利用した体質の診断だ。

生活習慣病へのかかりやすさと、スニップとの関係がわかれば、スニップ診断をすることによって発病のリスクを知ることが可能になるかもしれない。そうなれば、ライフスタイルを変えることによって発病を予防できる、というのが遺伝医療研究者の期待である。

また、スニップは薬剤に対する反応の個人差と関連づけることができるため、スニップ診断によって一人一人に適した薬を選ぶことが可能になる。逆に、薬剤を開発する側は、その薬が有効な人と副作用が強く出る人のスニップ型の違いを考慮に入れなければならない。

これらのことから、近い将来には個人個人が自分のスニップ情報をICカードに入れて持ち歩き、その情報に応じた医療を受けるようになると予測する専門家もいる。もちろん、その際には個人情報の保護など、社会的影響への配慮が必要になることはいうまでもない。

❏病気の原因を特定する

これまで述べた発症前診断に比べると、すでに発病している患者の病気の原因を特定するために実施する遺伝子診断は、ジレンマが少ないかもしれない。なぜなら、従来の診断も、ある意味では遺伝子変異の結果を診断していると考えることができるからだ。

たとえばフェニルケトン尿症は、アミノ酸のフェニルアラニンを別のアミノ酸であるチロシンに代謝する酵素が足りないために、フェニルアラニンが体内に過剰に蓄積され、これが脳の発達を阻害する遺伝性疾患だ。フェニルアラニンを水酸化する酵素の遺伝子の異常が原因で起きる。通常、新生児の血液中のフェニルアラニンの量を測って診断するが、これは、フェニルアラニン水酸化酵素の遺伝子の異常を間接的に調べていると考えることもできる。

したがって、この酵素の異常を遺伝子診断して病気を診断することと、酵素を診断することのあいだには、それほどのギャップはないといってもいいだろう。

ただし、従来型の病名診断と、遺伝子診断による確定診断にも違いはある。それは、ひとたび診断がついたとたんに、同じ家系のメンバーにも病気の遺伝子が伝わっているかどうかを調べられる可能性が生まれる点である。それはとりもなおさず、まだ発病していない人の発症前診断だけでなく、発病のリスクのない保因者診断、これから生まれる胎児の出生前診断に結びついていく。

❑保因者診断

筋肉が萎縮していくデュシャンヌ型筋ジストロフィーは、男の子がかかるX染色体連鎖の劣性遺伝性疾患（伴性劣性）だ。三、四歳ごろから発病し、成人するまでに死亡する人が少なくない。発病率は男の子三〇〇〇人から四〇〇〇人に一人といわれる。

この病気の原因遺伝子は、性染色体のX染色体にのっている。2章でも述べたように、男性はX染色体を一本しかもたないので、X染色体の遺伝子の傷は、そのまま病気に結びつく。一方、女性はX染色体を二本もっているので、片方のX染色体に遺伝子に傷があっても発病しない。

病気の原因遺伝子に傷をもっているものの発病はしない場合に、この人を「保因者（キャリア）」と呼ぶ。

性染色体ではなく、常染色体劣性の遺伝性疾患の場合も、対立遺伝子の片側だけに傷がある人は発病せず、保因者となる。

保因者自身は健康にはなんの問題もない。問題があるとすれば、子供を作ったときに遺伝子の傷を受け渡す場合があるということだ。

デュシャンヌ型筋ジストロフィーの場合でいえば、保因者の女性が男の子を生んだ場合に、その子供に遺伝子の傷が受け渡されていると発病する。常染色体劣性の遺伝性疾患の場合は、両親が二人とも保因者だった場合に、四分の一の確率で生まれてくる子供に遺伝子の傷が二つとも受け渡され、発病する。

このため、子供をもうける前に自分が保因者であるかどうかを遺伝子診断したい、と考える人もいる。

筋ジストロフィーの患者と家族で組織する日本筋ジストロフィー協会は、一九九〇年に会員を対象に、DNA診断のアンケート調査を実施している。

調査は患者と家族それぞれ五二八人を対象とし、患者三〇三人、家族三〇六人が回答した。DNA診断を受けるかどうかという問いに対しては、患者の二四・二パーセントが「ぜひ受けたい」、三八・三パーセントが「受けてもよい」と回答した。この場合のDNA診断は、筋ジストロフィーの確定診断の意味で受けとめられていると解釈できる。

一方、家族の場合は二二・八パーセントが「ぜひ受けたい」、四三・四パーセントが「受けてもよい」と答えている。これは、保因者診断を念頭に置いた回答だと解釈できる。

いずれにしても、DNA診断に対しては患者も家族もある程度積極的であることがうかがえる。

しかし、胎児の出生前診断となると、患者と家族の考え方に差が現れる。その話をするまえに、出生前診断の現状について紹介することにする。

❏出生前診断

病気の遺伝子診断が東大医学部の倫理委員会にかけられたのは、金澤が申請したハンチントン病が初めてだった。他の大学でも、遺伝性疾患の遺伝子診断を倫理委員会で審議したことがあるところは決して多くない。東邦大学医学部の倫理委員会はその数少ない倫理委員会のひとつである。

一九八八年七月、東邦大学医学部産婦人科教室の片山進のグループは、将来胎盤になる絨毛を使ったデュシャンヌ型筋ジストロフィーの出生前遺伝子診断を倫理委員会に申請した。このころ日本でも、病気の遺伝子診断は少しずつ実施されてはいたが、大学の倫理委員会にかけられたのは初めてだった。デュシャンヌ型筋ジストロフィーはハンチントン病と異なり、出生から三、四年で発病する。発病が早いだけに、ハンチントン病のように成人の発症前診断が問題になるということはない。かわりに、まだ生まれる前の胎児の診断が取りざたされることになる。

胎児の遺伝情報の診断自体は、すでに二十年以上前から実施されている。遺伝子ではなく染色体の異常を診断する方法である。

母親の子宮のなかにいる胎児は羊水につかっている。羊水のなかには、胎児の細胞が浮遊している。

そこで、妊娠している女性のおなかに針を刺して、羊水を採取し、ここに含まれている胎児の細胞の染色体を検査する。また、羊水には胎児の尿やアミノ酸、酵素など、胎児の情報が得られる物質が含まれており、これらを利用した診断も実施されている。

しかし、染色体検査では、デュシャンヌ型筋ジストロフィーのような遺伝子変異は検出できない。羊水に含まれる胎児細胞を遺伝子診断することはできるが、羊水検査が可能になるのは、羊水に胎児の細胞が浮遊するようになる妊娠十五～十八週ごろである。結果が出るまでにも時間がかかるので、検査を受けた女性がその結果によって出産するかどうかを判断するとすれば、かなり苦しい時期にきてしまう。

そこで、これよりもさらに早い段階で胎児診断する方法として考え出されたのが、絨毛をサンプルとした遺伝子診断だ。絨毛というのは、受精卵の表面に生えているまさに毛のような組織で、その一部が将来胎盤になる。欧米では八〇年代に入って徐々に普及し、日本でも八〇年代半ばから一部で実施されるようになった。

絨毛診断は、通常、妊娠十週から十一週の時期に実施される。膣から長くて細い管を入れて、胎児の周りを覆っている絨毛組織を採取する。

もちろん、羊水中の胎児細胞でも、絨毛細胞でも、胎児に由来する細胞であることに変わりはなく、どちらを使っても遺伝子診断はできる。成人の血液細胞を使って行う遺伝子診断と、基本的に変わることはない。

だが、胎児診断は、成人の発症前診断とはまた別の難しい問題をはらむ。診断の結果が陽性と出た場合には、中絶するかどうかの決断を迫られることになるからだ。それに加え、出生前診断を受けると決めるのは誰なのか、診断の結果を知る権利があるのは誰なのかといった議論も避けては通れない。

話を筋ジストロフィー協会の話に戻すと、「あなたに子供ができたら胎児のDNA診断を受けるか」という問いに対し、「受ける」と答えた患者は六四・六パーセント、「受けない」と答えた患者が一五・八パーセントだった。これに対し、患者の家族は八〇・三パーセントが「受ける」と答え、「受けない」と答えたのは一〇・七パーセントだった。

さらに、「DNA診断で胎児が発病することがわかったらどうするか」という問いに、「人工妊娠中絶する」と答えたのは、患者では四一・九パーセント、家族では六五・三パーセントだった。

どちらの場合も、患者と家族の回答の差は統計的に有意だった。

言いかえると、筋ジストロフィーという病気を受け入れて普通に行動したいと考える人が、患者自身のほうに多いということになる。

このように、出生前診断をめぐるジレンマは大きい。さらに、筋ジストロフィーの人や家族にとっては、ジレンマを深くする可能性のある新しい診断技術も登場した。胎児にさえならない受精卵を診断する着床前診断である。

❑着床前診断

「おなかの胎児を診断して、異常がわかったら中絶、というのがいやなんです」。鹿児島空港から鹿児島市へ向かう途中に位置する姶良郡で産婦人科「竹内レディス・クリニック」を営む竹内一浩は熱心に語った。

体外受精を専門とする竹内は鹿児島大学を卒業後、一九八九年に米国のイースタンバージニア医科大学ジョーンズ生殖医学研究所に留学した。そこで出会ったのが、着床前診断のために人の胚から細胞をひとつだけ取り出す技術だった。

着床前診断は、卵子と精子を受精させて得られる受精卵が四～八細胞に分裂した時点で、細胞を一～二個取り出して遺伝子診断する方法である。初期の受精卵は全能性を備えていて、細胞のひとつひとつが体のいずれの器官をも生み出せる潜在能力を秘めている。このため、ひとつの細胞を失っても、残りの細胞だけで成長していくことができる。

受精卵診断を経た初めての妊娠は英国ハマースミス病院のハンディサイドのグループが一九九〇年に報告し、女の子が誕生した。このときは、遺伝子の故障そのものを検出するのではなく、受精卵が女の子になるのか、男の子になるのかを判定する診断だった。というのも、遺伝性疾患のなかにはX

染色体の劣性遺伝子に故障があって起きるものがあり、その場合、発病するのはほとんどが男の子だからだ。

X染色体を一本しかもたない男の子は、そこに異常があると、補ってくれる代わりの染色体がなく、発病してしまう。ところが、女の子の場合にはX染色体が二本あるため、たとえ片方に故障があっても、残りの一方の染色体が正常なら発病を免れる。

このようなX染色体連鎖劣性の遺伝病には、片山が胎児診断の対象としたデュシャンヌ型筋ジストロフィーや、精神遅滞をもたらす脆弱X症候群などがある。

一九九三年のこの時、竹内がまず、試みようと考えていたのも、性別を診断することによって遺伝病の可能性のない女の子を出産させる方法だった。

胚から細胞を取り出す方法にはいくつかあるが、竹内は細胞を胚から押し出して取り出す新しい方法を米国留学中に開発した。そのまま米国に留まって臨床応用まで手がけたいと考えていたが、開業していた父親の跡を継ぐ必要が生じ、急遽帰国することになった。どうせ日本に帰るなら、この技術を持ち帰って着床前診断を試みたい、というのが竹内の考えだった。

一九九三年七月、竹内は当時非常勤講師を務めていた鹿児島大学産科婦人科教授の永田行博らと共同で、着床前診断を医学部の倫理委員会に申請した。申請時には対象とする疾患名は書かなかったが、疾患名を明らかにして欲しいという倫理委の要請で、九四年一月に再提出された申請書には、デュシャンヌ型筋ジストロフィー、血友病、脆弱X症候群の三疾患が記載された。「日本に多い疾患だったから」というのが理由だった。

倫理委員会は九五年三月になって、この申請を承認する方向を打ち出した。これに対し、障害者団体や女性団体が一斉に反発し、結果的に倫理委員会は承認を見送った。対象疾患の当事者である日本筋ジストロフィー協会などから意見を聞くことさえしなかったとの批判も浴びた。また、血友病は致死性ではなく、脆弱X症候群は遺伝子の変異によって症状がさまざまであるのに、対象疾患にしていいのかという問題もあった。

「一大学では結論が出せない」と判断した鹿児島大は、日本産科婦人科学会にゲタを預けることにした。しかし、学会の審議もまた、二転三転することになる。

一九九六年から審議を始めた産科婦人科学会の倫理委員会は、九七年二月にデュシャンヌ型筋ジストロフィーと脆弱X症候群を対象に、条件付きで着床前診断を容認する案をいったんまとめた。しかし、この作業もまた、専門家だけが集う密室で行われ、当事者団体からの強い反発を招いた。

結局、産科婦人科学会は鹿児島大学と同じ轍を踏み、承認は見送られ、修正した「倫理委員会報告」を学会誌上で公表して広く意見を求めることになった。九七年五月に学会誌に掲載された報告は、学会の許認可制度をとったうえで着床前診断を認める内容だった。

この報告に対し、障害者団体や女性団体は、「技術の安全性」と「障害者差別」の両面から異論を唱え、幅広く慎重な議論が必要だとの主張を続けた。

結局、九八年六月になって日本産科婦人科学会の理事会は条件付きで着床前診断の臨床応用を認めた。これだけ反論があるのだから、さらに時間をかけて議論を重ねるはずだという大方の予想とは異なり、突然の発表だった。

学会の倫理委はそれより二カ月前に着床前診断を実施するためのガイドラインを理事会に答申している。しかし、理事会は「情報公開が不十分で、さらに慎重な議論が必要だ」という理由で結論を先送りしたところだった。

これを受けた形で倫理委員会は患者や関係者を招いて、公開討論会を五月に東京で開催した。それをもって、「意見は十分聞いた」というのが学会の考えだった。

学会が定めた条件とは、着床前診断を実施しようと計画する施設は、まず学内の倫理委員会の承認を受けたうえで、一件ごとに学会に申請し、審査委員会での審議と承認を受けるというものだった。

また、対象とする疾患名は特定せず、「重篤な遺伝性疾患」という表現を用いた。疾患名をあげれば、その疾患は着床前診断をしてもいい、もしくはするのが当然というニュアンスを生み出しかねないことを考えると、これは妥当な判断といえるだろう。

鹿児島大学医学部の倫理委員会は、一九九九年一月にデュシャンヌ型筋ジストロフィーを対象とする着床前診断の臨床応用を承認した。診断は当初の計画どおり、性別判定で行うことを前提としている。その後、日本産科婦人科学会に申請され審議が開始された（二〇〇〇年二月に不承認となった）。

しかし、これだけ紆余曲折を経たにもかかわらず、患者団体を納得させることができたとはいえない。その根底には、この技術そのものへの拒絶感があるだけではない。診断を受ける当事者である日本筋ジストロフィー協会にとっては、「実施施設側が患者の意見を真摯に聞かず、筋ジストロフィー医療に取り組む姿勢に欠ける」という不満や不信感が大きいように見える。

着床前診断については、世界的な実施数、子供の誕生数の正確な統計が一九九九年夏の時点では存在せず、誤診の割合や生まれた子供の状態についてもよくわからないという、不透明な部分も残されている。

しかし、着床前診断に限らず、出生前診断の技術開発はおそらくこれからも進められていくことだろう。診断の対象となる疾患も、増え続けていくに違いない。

出生前診断の試料には羊水や絨毛が使われてきたが、遺伝子診断が微量の試料の分析を可能にしたために、着床前診断が登場した。さらに、妊婦の血液に漏れ出てくる胎児の細胞を分析して胎児の遺伝性疾患を診断する技術も登場した。

これが実現すれば、よりいっそう簡単に、胎児の遺伝情報を検査することが可能になるだろう。いったいそれが、歓迎すべきことなのか、悲しむべきことなのか、ここで答えを出すのは荷が重すぎる。

6章　遺伝子治療

❏北大——日本初の遺伝子治療

八月に入ったばかりの札幌の街にポプラの種子が雪のように舞っていた。本州の猛暑をよそに秋の気配さえ感じられる。

一九九五年八月一日。札幌市内にある北海道大学医学部付属病院で、日本初の遺伝子治療臨床研究が開始された。早朝、北大病院の旧外来入口近くの会議室に、報道関係者が集まってきた。普段は北大で顔をあわせることなどない東京の科学担当記者同士が、顔見知りを見つけては「やっぱり来たの」と声を掛け合う。

午前八時半、白髪で小柄な小児科の助教授、崎山幸雄を先頭に、白衣姿の三人が前方のドアをあけて入ってきた。「予定どおり、本日採血を行います」。崎山が治療の着手を宣言した。

患者である四歳の男の子は、この日に備えて入院していた。午前十時過ぎ、病室に採血の装置が運び込まれ、男の子の両腕に細長い管のついた注射針が差し込まれた。男の子の血液は、片方の管を通って装置に入り込み、もう片方の管から体に戻される。その過程で遺伝子治療に必要な血液中の白血球だけが抜き取られていく。

この朝、病室を訪れた崎山に「頑張る」と約束した男の子も、さすがに初めは泣き声をあげた。だが、その後はすっかり落ちつき一時間以上に及ぶ採血のあいだ、テレビのアニメを見たり、母親と話をしたりしてすごした。

これだけ聞くと、男の子の病状はさほど重症だとは思えないかもしれない。だが、目に見えない敵は細胞の染色体のなかに潜んでいた。アデノシンデアミナーゼ（ADA）と呼ばれる酵素の遺伝子の故障である。

男の子の病気はADA欠損症と呼ばれる。生まれつきADA遺伝子に故障があり、体のなかでADAがうまく作れない。非常に希な遺伝性疾患である。

ADAは生きていくのに欠かせない酵素のひとつで、これがないと病原体や異物と闘う体の免疫細胞が破壊され、重症の免疫不全に陥る。普通ならなんでもないような感染症が命取りになり、一、二歳で多くの子供が死亡する。

治療法としてまず初めに選択されるのは骨髄移植である。日本ではこの男の子以前に八家系、九人の子供が同じ病気と診断され、一部は骨髄移植を受けて病魔の手を逃れた。

だが、骨髄移植には白血球の型であるHLA（主要組織適合抗原）が一致するドナー（骨髄提供者）が必要となる。この男の子には、HLAが一致する血縁者がいなかった。

第二の選択として男の子は、ウシから採ったADA薬（PEG－ADA）を週一回注射する対症療法に頼ることになった。一歳二カ月のときから投与し始め、一カ月後には血液中のADAのレベルが正常になり、病原体と闘うリンパ球も増えた。それまでかかっていた間質性肺炎が治るなど、いったんは症状が改善したが、その後再びリンパ球数が減りはじめた。

「このままではおたふく風邪にかかっても、命が危ない」。切迫した状況で小児科のスタッフの頭に浮かんだのが遺伝子治療だった。

❏世界初の遺伝子治療

世界初の遺伝子治療は、通常「一九九〇年九月に米国立衛生研究所（NIH）で実施された」という言い方がされる。だが、外来の遺伝子を体のなかに入れて働かせる試みという意味では、〝遺伝子治療〟はこれより十年も前に実施されていた。そして、この第一号は大きなスキャンダルを巻き起こした。

一九八〇年、米国カリフォルニア大学ロサンゼルス校のマーチン・クラインは、イタリアとイスラエルを訪れた。これらの国に患者の頻度が高いβサラセミアと呼ばれる遺伝性疾患の患者に遺伝子治療を施すためだった。

サラセミアは地中海貧血とも呼ばれる。へモグロビンを構成しているβグロビンを作る遺伝子の故障が原因で、故障のしかたによっては重症の貧血を起こす。クラインらは患者の骨髄を取り出してヒトのβグロビン遺伝子を入れ、再び患者に戻す実験を行った。

クラインが海外でこの治療法を試そうと考えたのはサラセミアがこれらの国に多いという理由だけではなかっただろう。この時、カリフォルニア大学は、クラインの遺伝子治療計画を承認していなかったため、海外へ出る必要があったのだ。

このフライングを知った大学とNIHはクラインの研究費をカットし、マスメディアも一斉に非難の声をあげた。

しかも、この治療にはなんの効果も見られなかった。

クラインがルール違反をおかしてまで実験をしたころ、小児科医出身の分子生物学者で、NIHに所属していたフレンチ・アンダーソンも遺伝子治療の構想を胸に抱いていた。

アンダーソンは、かなり早い時期から遺伝子治療の最初のターゲットをADA欠損症にねらい定めていた。それというのもこの病気の場合、ADAの値を正常値にまであげる必要がなく、ADAの働きが正常な値の一割程度まで回復すれば、それなりに効果を発揮するからだ。モデルケースとして有利な点は、正常なＡＤＡ遺伝子が入ったリンパ球がＡＤＡ欠損のリンパ球より長生きすることなど、他にもいくつかあった。

アンダーソンは、一九八七年四月二十四日にＡＤＡ欠損症の遺伝子治療計画をＮＩＨの遺伝子治療専門委員会に申請した。しかし、安全性の確認や有効性を期待できる十分なデータがないというのが理由で、審査は難航した。

アンダーソンは一時申請を取り下げ、ＮＩＨの小児科医であるマイケル・ブレーズ、外科医のスティーブン・ローゼンバーグと組んで、別の方向から遺伝子治療にアプローチする戦略を考え出した。ローゼンバーグが取り組んでいたがん患者に対する治療を目的としない遺伝子標識の実験を手がけることにしたのだ。この計画は八九年に実施に移され、副作用がないことなどが確かめられた。

アンダーソンは、その後もＡＤＡ欠損症の遺伝子治療に必要なデータを着々と準備し、長い審査を経てついに九〇年九月、ＡＤＡ欠損症の四歳の少女に対する世界初の遺伝子治療が開始されたのだ。

アンダーソンとブレーズは九一年にも九歳のＡＤＡ欠損症の少女に同様の治療を施した。その実績を見込んだ北大の崎山は、一九九三年の五月半ばから二カ月半ブレーズの研究室に滞在し、遺伝子治療の準備を進めた。その結果、ブレーズの協力を得て、まったく同じ方法を北大で試みようということになった。

「日本が最初の遺伝子治療にＡＤＡ欠損症を選んだのは賢い選択だと思います」。九五年三月、ＮＩＨで開かれた遺伝子治療の会議の休憩時間にインタビューしたアンダーソンはこうコメントした。

彼自身がこの病気を選択したように、ある程度の勝算が見込まれる遺伝性疾患だから、というのがその理由だった。

❑遺伝子治療とは

ここで遺伝子治療とは何かについて簡単に説明しておくことにしよう。

これまで述べてきたように、遺伝子病にはたったひとつの遺伝子の故障が病気を引き起こす単一遺伝子病と、複数の遺伝子の故障がからみあって発病する多因子遺伝子病がある。

遺伝子治療のそもそもの発想は、ひとつの酵素の遺伝子異常で起きる単一遺伝子病の原因遺伝子を、正常な遺伝子と置き換えるというものだった。これができれば病気を根本から治せると考えたからである。

だが、遺伝子の取り替えは現段階では技術的に難しい。このため、病気の原因遺伝子はそのままにして、正常な遺伝子をつけ加えるという手法を取らざるを得ない。それでも、故障している遺伝子が悪さをしていなければ、正常な遺伝子の働きで病気を治療できる可能性がある。

ADA欠損症の場合も、故障しているADA遺伝子はそのままにして、患者から取り出したリンパ球に正常なADA遺伝子を入れて体内に戻すという方法が採用された。

北大で男の子の血液から取り出されたリンパ球は、三日間、試験管のなかで培養された。四日目、増殖して数が増えたリンパ球に、レトロウイルスと呼ばれるウイルスを改変した遺伝子の運び屋（ベクター）を感染させる作業が行われた。

ベクターは遺伝子治療の鍵を握る「道具」である。いくつかの種類があるが、主にウイルスが使われる。それというのもウイルスには、細胞に感染して自分の遺伝子を相手の細胞に送り込む性質があるからだ。

ウイルスのなかでもレトロウイルスは遺伝子治療のベクターに適していた。それというのも、レトロウイルスは自分の遺伝子を、感染した相手の細胞の染色体に組み込む性質があるからだ。

北大が使ったレトロウイルス・ベクターには前もって人間の正常なＡＤＡ遺伝子が入れられていた。これを男の子の細胞といっしょに培養することによって、ベクターを細胞に感染させ、正常なＡＤＡ遺伝子を男の子の染色体に組み込んだ。

五日目も同じ作業を繰り返した後、正常な遺伝子が組み込まれたリンパ球はさらに培養され、八日目に男の子の体に静脈注射で戻された。

このように、患者の細胞をいったん取り出して遺伝子を入れてから、再び体内に戻す方法を「ｅｘｖｉｖｏ」と呼ぶ。手間もコストもかかるが、標的細胞に目的の遺伝子がきちんと入れられたかどうか、何か予想外のことが起きていないかなどを確めやすいため、遺伝子治療の研究が始まった当初は、主にこの方法が用いられた。

一方、治療のための遺伝子を組み込んだベクターを、直接患部に注入する方法もあり、「ｉｎ ｖｉｖｏ」と呼ばれる。手間はかからないが、標的とする細胞だけに遺伝子が入るようにするために、工夫しなくてはならない。

標的細胞に何を選ぶのかも重要な問題だ。たとえば、寿命の長い細胞に遺伝子を入れると効果が長続きするが、寿命の短い細胞だとくり返し入れる必要がある。すべての血液細胞のもとになる造血幹細胞に遺伝子を入れられれば、そこから分化してできるさまざまな血液細胞にもその遺伝子が受け継がれる。

そして、標的細胞や、病気の種類によって、ベクターを使いわけることも重要だ。ウイルス・ベクターにはレトロウイルス以外に、アデノウイルスやアデノ随伴ウイルスを利用したものがあるが、一長一短だ。レトロウイルス・ベクターを使って組み込んだ遺伝子は、細胞のなかに安定して存在するかわりに、細胞をがん化する恐れがないとはいえないという弱点を背負っている。

❏遺伝子治療への道のり

米国が正式な遺伝子治療を始めるまでに長い時間をかけたのは、このまったく新しい治療の倫理性と安全性について議論したためである。

通常、先端医療の倫理問題は、実際にその先端医療を推進しようとしている研究者や医者ではなく、倫理学者や社会学者、患者団体などが論じることが多い。

しかし、遺伝子治療の倫理的課題について考察した論文の筆者として知られるのは、米国で初めて正式な遺伝子治療を実施したチームのフレンチ・アンダーソンである。それは、遺伝子治療が実際に開始されるより十年も前の話だった。

その後もさまざまな機関が遺伝子治療の倫理問題について討議を重ねた。マーチン・クラインの事件をきっかけに、米国では大統領の諮問委員会が遺伝子治療の問題をとりあげ、八三年にはＮＩＨの組み換えＤＮＡ諮問委員会（ＲＡＣ）のなかに遺伝子治療の作業委員会が設けられた。ＲＡＣは八五年に遺伝子治療を実施する際のガイドラインを公表し、二度にわたって国民の意見を求めた。

欧州議会や英、仏、独などの委員会もこの問題を討議し、独自の見解を示した。

一九九〇年七月には、国際医学団体協議会（ＣＩＯＭＳ）が東京と愛知県の犬山市で「遺伝学、医の倫理及び人間の価値」をテーマに会議を開き、「犬山宣言」を採択した。このなかで体細胞に対する遺伝子治療を認めると同時に、子孫に影響が及ぶ恐れのある生殖細胞に対する遺伝子治療を当面禁止した。さらに、遺伝子治療の対象者を重い遺伝的障害の患者に限った。

米国で初めてＡＤＡ欠損症の遺伝子治療の臨床研究が開始されたのは、この宣言が採択された直後のことだ。

遺伝子を入れる細胞が体細胞なのか、卵子や精子といった生殖細胞かで、遺伝子治療の意味あいは大きく異なる。体細胞に遺伝子を入れても、治療を受けた本人一代限りにしか影響は及ばないが、生殖細胞に新しい遺伝子を導入した場合、その影響が子孫にまで及ぶからだ。このため、現在でも世界的に体細胞への遺伝子治療だけが認められていて、生殖細胞への遺伝子治療は禁止されている。

このように遺伝子治療は、実際の臨床応用が開始されるかなり前から倫理問題がクローズアップされ、先端医療のなかではめずらしく、臨床応用に先立ってガイドラインが策定されたところに特徴がある。

日本は米国ＮＩＨのＲＡＣが作ったガイドラインを踏襲する形で、一九九四年に厚生省が「遺伝子治療臨床研究に関する指針」を策定し、文部省もこれにならった。指針の主要な内容は次のとおりである。

1　対象疾患は致死性の遺伝性疾患、がん、エイズなどの生命をおびやかす疾患であり、被験者の利益が不利益を上回ることが十分に予測されるものに限る。（後に生命の質にかかわる難病も対象となった。）

2　有効かつ安全であることが科学的に予測されるものに限る。

3　生殖細胞の遺伝的改変をもたらす恐れのある臨床研究は行ってはならない。

4　被験者は人権保護の観点から選定し、インフォームド・コンセント（十分な説明にもとづいて納得し、同意すること）を確保する。

5　関係者は正確で適切な情報を公開する。

このガイドラインに沿って、厚生省と文部省には遺伝子治療の臨床研究を計画する医療機関から申請を受け、個別のケースごとに審査する機関が設けられた。その申請第一号が北大の研究で、申請から約半年後に承認された。

アンダーソンのグループが遺伝子治療の本格的なスタートを切って以来、米国は世界の遺伝子治療をリードしてきた。ＡＤＡ欠損症の遺伝子治療臨床は九一年に九歳の少女にも実施され、九三年には三人の新生児が治療対象となった。

アンダーソンらが実施した最初の二例と北大のケースは、いずれも寿命が短いリンパ球にＡＤＡ遺伝子を入れている。このため、何回も遺伝子治療を繰り返さなくてはならない。一方、九三年に実施された新生児の場合には、リンパ球よりも寿命の長い細胞に遺伝子を導入している。寿命の長い細胞にうまく遺伝子が入れば、一回だけの遺伝子治療でも、半永久的に効果があがると期待される。しかし、一九九九年十月現在、この治療に成果があったという報告はない。

遺伝子治療の対象は、がんやエイズといった一般的な病気へと広がっていった。治療そのものを目的としない遺伝子標識（マーキング）まで含めると、米国では二〇〇〇年春までに三九〇種類以上の遺伝子治療が承認されている。このうちがんを対象とするものが六割以上を占めている。

日本では二〇〇〇年一月までに十件の遺伝子治療臨床研究が国の承認を受けた。世界の趨勢どおり、対象疾患はがんが中心となっている。

❏がんの遺伝子治療

がんやエイズの遺伝子治療は、先天性代謝異常の治療とは戦略を変える必要がある。がん細胞で異常を起こしている遺伝子をターゲットとするアイデアもあるが、発病のメカニズムが複雑で、正常な遺伝子をひとつ入れれば治るというわけにはいかない。

そこで、がん細胞を攻撃する体内の免疫細胞の活力を高めたり、がんと闘う物質を生産する遺伝子を体に導入する戦略や、正常ながん関連遺伝子と抗がん剤を組み合わせる方法を用いる。「自殺遺伝子」をがん細胞に導入してから薬を投与して、がん細胞を自滅させる試みもある。

エイズの場合も、エイズウイルス遺伝子の働きを止める遺伝子や、エイズウイルス遺伝子を切断する働きのある遺伝子を導入する方法、エイズウイルス遺伝子の一部を導入してワクチン効果を期待する戦略など、さまざまな方法論が試みられている。

日本では、北大に続いて熊本大学がエイズ感染者の遺伝子治療を国に申請し、一九九七年春にいったんは承認された。その後、ベクターの製造過程で増殖性ウイルスが発生していたことがわかり、計画は宙に浮いた。

増殖性ウイルスの問題はやがて解決される見通しだったが、この間に米国で実施されていた第二相臨床試験の結果が明らかになった。それによると、有効性は確認できず、第三相の臨床試験は中止された。

この報告を知った熊本大のグループは、遺伝子治療の計画そのものを中止するという決断を下し、厚生省も了承した。

熊本大に続いて東大医科学研究所と岡山大学のグループが、一九九六年十二月にがんの遺伝子治療計画を国に申請し、それぞれ一九九八年の八月と十月に承認された。医科研は腎細胞がんの転移を、岡山大学は肺がんを対象としている。いずれも、すでに米国で臨床試験が行われている治療法を使い、日本人の患者にも試みようという計画である。

医科研は九八年九月末に最初の患者を決定し、十月から臨床研究を開始した。まず、がんになった側の腎臓を手術で摘出し、がん細胞を培養してから、顆粒球・マクロファージコロニー刺激因子（GM－CSF）と呼ばれる遺伝子をレトロウイルス・ベクターを使ってがん細胞に導入した。これに放射線を照射し増殖しないようにしてから凍結し、海外の検査機関に一部を送る。安全性を確認したあと、患者の腕や大腿部に注射する。

GM－CSFには免疫細胞の作用を高める働きがあるが、それに加えてがん細胞に目印を付けてほかの細胞から区別する働きがある。遺伝子を入れたがん細胞がワクチンのように働いて、患者のがん細胞だけを攻撃する免疫力が高まり、体内に残るがんを攻撃できるのではないか、というのが医科研のねらいである。

一方、岡山大学はp53と呼ばれるがん抑制遺伝子を使う。p53の正常型の遺伝子は、細胞の増殖をコントロールし、細胞の遺伝子に傷がついてがん化しそうになると、細胞を自殺に導く働きがある。p53遺伝子が故障したがん細胞はこの自殺システム（アポトーシス）が働かず、抗がん剤を投与しても殺せない。それなら、p53の正常型の遺伝子をがん細胞に送り込んでやれば、アポトーシスが働いて、抗がん剤の効き目が現れるだろうというのが、この遺伝子治療の戦略である。

❑海外に依存してきた日本

この二つの計画を含め、日本の遺伝子治療研究は海外にかなりの部分を依存している。

医科研は当初、患者の細胞を米国に空輸し、米国製のベクターで遺伝子を組み込み、日本に持ち帰る計画をたてていた。ところがこの企業が別会社に吸収合併されたことから、医科研で遺伝子導入を実施するよう変更を余儀なくされ、計画は大幅に遅れた。

岡山大の場合も、ベクターはフランスに本社がある米国の企業から提供を受ける。

そして、どちらのチームも治療の鍵を握るベクターの開発や安全性のチェックは、海外の検査会社に依頼している。

北大の場合も、男の子の細胞にADA遺伝子を送り込むのに使われたベクターは、米国のベンチャー企業GTI社の製品で、NIHのブレーズ博士から研究用として提供された。熊本大が計画したエイズの遺伝子治療でも、米国のベンチャー企業であるバイアジーン社のベクターを使うことを予定していた。

日本独自のベクター開発はどうなっているのだろうか。

悪性脳腫瘍の遺伝子治療をめざす名古屋大脳神経外科のグループは、応用生化学研究所と組んで独自にベクターを開発した。ウイルスではなく、脂質の膜（リポソーム）を使ったベクターで、一九九一年末に学内の審査機関に申請している。それから七年たった一九九九年四月に、ようやく国への申請までこぎつけ、二〇〇〇年一月に国の承認を受けた。

いずれの場合もネックのひとつはベクターの安全性チェックのシステムが日本に構築されてこなかったことである。

遺伝子治療先進国と考えられてきた米国も、低迷している。「遺伝子治療がある程度うまくいった」といえるのは、ADA欠損症の最初の一例にすぎない。しかも、この少女はPEG‐ADAの酵素補充療法を受けているため、「遺伝子治療単独の効果といえるのか」といった疑問の声が残っている。がんやエイズの遺伝子治療になると、効く可能性があるかどうかの確証さえない。

「遺伝子治療はまだ、実験段階であることをはっきり認識しておく必要がある」と、米国の研究者は口を揃える。NIHには遺伝子治療の有効性などを改めて検討する臨時委員会が設置され、「基礎研究が大切だ」という報告書もまとめている。

さらに、一九九九年には遺伝子治療臨床研究を原因とする初の死亡例が出たことから、副作用に対する懸念が高まっている。

❏実験か治療か

遺伝子治療の試みは、現段階では「実験」である。米国で実施されているのも、日本で実施されているのも、ほとんどが遺伝子治療新薬開発のための第一相か第二相の臨床試験、もしくは大学の研究であり、日常的な医療にはほど遠い。

しかし、だからといって遺伝子治療に見込みがないわけではない。

ヒトゲノム計画の進展によって、どんな遺伝子が人間を作り上げているのかが解明され、遺伝子の働き方がよくわかれば、遺伝子治療も前進する可能性を秘めている。ねらった細胞のねらった位置に目的の遺伝子を入れ、ねらいどおりに働かせることさえできれば、これまでにない、新しい医療の道が開けるかもしれないのだ。

成績があまりにふるわず、副作用による死者まで出たために、期待が薄れている遺伝子治療だが、研究が続いている以上、倫理的問題や社会的影響の検討を忘れてはいけない。なんといっても遺伝子は、人間の生命の根幹に関わる。いったん生殖細胞に入り込めば、親から子へと伝わっていき、未来の人間を遺伝子レベルで変化させてしまうかもしれないのだ。

しかも、今のところは病気や異常を治すことを目的としているが、「異常」と「正常」のあいだにはグレーゾーンがある。たとえば、ホルモンの異常による肥満を遺伝子治療で治せるとして、いったいどこまでを治療の対象とするのか。目の色を変えたい、髪の質を変えたいといった美容目的に使うこともできるだろうし、運動能力を高めるとか、知能を高めるといった目的に応用したい人が出てくるかもしれない。

北大の男の子の体内では新しい遺伝子がうまく働き、治療開始から一年半後には小学校に入学することができた。この間、酵素補充療法も継続しているため、「遺伝子治療単独の効果は不明だ」と指摘する声は見逃せないが、とりあえず「うまくいった」というのが大方の評価である。

しかし、これだけで遺伝子治療の未来は占えない。「究極の治療」となるのか、「人体実験」にとどまるのか。今はまだ、出口の見えないトンネルの中で手さぐりが続いている。

7章 揺れる遺伝子——遺伝か環境か

❏クローン羊「ドリー」

クローン羊「ドリー」の誕生を知らせる外電が日本に流れてきたのは、一九九七年二月二十四日、月曜日の朝のことである。ちょうど新聞社の机で仕事をしていた私は、手渡された外電を見て仰天した。

ロンドン発の記事には「英国の科学者が羊の成獣の細胞を使い、遺伝的に親とまったく同一の『クローン羊』を誕生させることに成功した」とある。

それはもしかして、あのSFにでてくる「クローン人間作り」の技術なんだろうか。そうだとすると大ニュースだ。

おそらくこのころ米国の東海岸では、「ニューヨーク・タイムズ」の科学担当記者が第一報を日曜日の朝刊に掲載し終わり、月曜の朝刊用に第二弾の記事をたたき込んだ後だったに違いない。いや、時間的にいえば、地元英国の新聞のほうがさらに早かった。ドリー誕生の記事は、二十三日付の英国の朝刊に掲載されている。時差を考えれば、これが世界で最も早い掲載だったことになる。科学記者ならクローン人間作りにつながる技術を見逃すわけにはいかない。専門家のコメントや解説記事をつけて、大きく扱おうとしゃかりきになるのはどの国でも同じことだ。

だが、白状すると、外電を読み返した私の驚きにはちょっとブレーキがかかった。まず第一に、このニュースの流れ方が通常とは違っていたからである。

最近では、重要な科学的発見が真っ先にマスメディアに載ることはめったになくなっている。それというのも、世界的に権威ある科学論文誌「ネイチャー」や「サイエンス」が、研究者に「他のメディアに先に発表したらうちでは掲載を見合わせますよ」と釘をさしているからだ。

もとはといえば、科学誌側が自分の雑誌の掲載記事の宣伝効果を狙ったものだが、研究者のほうも「論文誌に載ってこそ、きちんと認められた一流の研究」と考えるため、論文誌に先んじて新聞が重要な発見を流すチャンスは減っている。

代わりに「ネイチャー」や「サイエンス」が採用しているのは、事前に解禁日付きのプレスリリースを報道機関に流す方法だ。日本にはファックスで毎週プレスリリースが送られてきていた（現在は電子メールになっている）。このなかに興味を引く論文があれば全文を取り寄せることができるが、記事を載せるのは雑誌の発売日まで待たなくてはならない。

このような事情があるにもかかわらず、日本に流れてきた「ドリー」誕生の第一報には、研究成果を掲載した論文誌の名前がなかった。それどころか、私が手にした記事は研究者から直接聞いた話を書いたものではなく、「二十三日付の英日曜紙が報じた」というスタイルだった。

いったい、この内容を鵜呑みにしていいのだろうか。もし本当に大ニュースなら、こんな形で報道されるはずがあるだろうか。

そんな疑問が湧いたのに加え、コメントを求めて電話した専門家の対応が、たまたま冷静だった。この研究者は「ロスリン研究所は昨年、エンブリオニック・ディスクという細胞を使ってクローン羊を作った。今回の研究はその延長線上にある」と話した。だとすると、それほどすごい話じゃないんだろうか。

頭に「？」マークが浮かんだまま、記事はそれなりの大きさで社会面に掲載されたが、次の日からは大騒ぎだった。

ドリーは、普通の羊のように卵子と精子の受精によって誕生したのではない。六歳の雌羊の乳腺細胞から作り出された。乳腺細胞は卵子や精子などと違い、体細胞の一種である。

ドリーの〝産みの親〟であるロスリン研究所のイアン・ウィルムット博士らは、別の雌羊の卵子から遺伝物質が入った核を取り除き、中身のない未受精卵の「殻」と六歳の雌羊の乳腺細胞を電気刺激で融合させた。その結果、乳腺細胞の遺伝物質が未受精卵に入り込み、あたかも受精卵と同じような卵ができた。この卵を代理母羊のおなかに移植した結果生まれてきたのがドリーである。

ドリーの遺伝子と乳腺細胞を提供した雌羊の遺伝子は等しい。乳腺を提供した羊とドリーとは一卵性双生児のような関係にあるといっていい。

つまり、ドリーは大人の体細胞から作り出されたクローン動物だった。冷静に考えれば、それは卵子と精子が受精してできた受精卵が少し育った後の細胞であるエンブリオニック・ディスクからのクローン動物とは段違いの技術である。

なぜならこの技術は、あたかも大腸菌が細胞分裂で増えるように、でなければ孫悟空が髪の毛から自分の分身を複製するように、遺伝的に等しいコピー動物を皮膚や筋肉の細胞から無性生殖でいくらでも増やせることを意味したからである。

しかもこの技術は、役割が固定した体細胞は後戻りできないというそれまでの常識を覆した。条件さえ整えれば、体細胞がどのような細胞にも分化できる「全能性」を取り戻すことをも意味したのだ。半分に切ってもそれぞれが再生するプラナリアを思い出させる現象である。

結果的にこの研究は、二月二十七日付の「ネイチャー」に掲載され、科学的にも認められた成果であることがわかった。実は、日本より先に「ネイチャー」のプレスリリースを受け取る米国の記者は、前の週からドリー誕生を知っていて、英国の新聞が解禁日破りをしたのにあわせ、一斉に報道を開始したというのが真相だったようだ。

言いかえれば、協定破りが起きるほどの大ニュースだったということになる。月曜の時点でプレスリリースを受け取っていなかった日本の記者は、おいてきぼりを食ったといってもいいだろう。

「それにしても」と私は後になって密かに反省した。外国のプレスにすっぱ抜かれようと抜かれまいと、これは間違いなく一面ものの記事だった。

第一報をめぐる報道合戦はさておくとしても、その後の騒ぎを見れば、ドリーが人々の目を一斉に「遺伝子」に向けたことは間違いなかった。そして、多くの人の関心を集めたのは「遺伝子が等しいクローン人間って、普通の人間といったいどう違うの？」という疑問だったのではないだろうか。

❏クローン人間をめぐって

ドイツの週刊誌「シュピーゲル」の九七年三月三日号の表紙には、フセインやアインシュタインのクローンが一列になって、にこやかに行進しているイラストが描かれている。これを悪趣味ととるか、ユーモラスととるかは個人の趣味によると思うが、「シュピーゲル」に限らず、クローン羊「ドリー」の誕生が明らかになって以降、メディアは「ヒットラーのコピー」「フセインの影武者」といったお決まりのジョークを好んで使った。「フセイン大統領が自分のクローン製造を研究するよう科学者に指示した」という新聞記事を半信半疑で読んだ読者も多いことだろう。

これに対し識者は一様に反発し、マスメディアや一般大衆の「無知」を批判した。

彼らの言い分は要約すればこうなる。


遺伝子が等しいからといって、人格が等しいわけではない。人間は育った環境によって左右されるのであって、たとえヒットラーのクローン人間ができたとしても、彼と「同じ人間」ができるわけではない。

それに、クローン人間といえども生まれたときは赤ん坊だから、フセインのクローンを作ってもフセインの影武者にできるわけがないじゃないか。


この主張の後半部分は誰が見ても正しい。人間の「成長促進技術」でも開発されない限り、フセインのクローンが大人になるころには、本人はおじいさんになっているか、すでにこの世にいないかだ。

問題は、前半の部分である。

人格や能力を含めた人間の「中身」は、当然のことながら環境に左右される。外見でさえも環境の影響はまぬがれないといわれる。ヒットラーのクローンが、ヒットラーそのものであるはずはない。

しかし、だからといって、外見はもちろん、人間の中身が遺伝子にまったく左右されないと言いきることは難しい。

影武者の話はばかばかしいが、成長したフセインのクローン人間の見た目は、一卵性双生児と同程度にはフセインにそっくりになるはずだ。

それだけでなく、もしフセインが糖尿病だったらフセインのクローンも糖尿病にかかりやすい可能性がある。フセインが高コレステロール血症で心筋梗塞を起こしたとすればクローンもそうなる確率が高くなる。

それどころか、タバコを吸うか、アルコール依存症になりやすいか、新しいもの好きかまで、フセインのクローンはフセイン自身に似ているかもしれない。

なぜなら第3章や第4章で述べたように、これらの傾向に遺伝子が関係している可能性を、ここ数年の分子遺伝学が次々と明らかにしているからである。そのなかには、暴力的志向と遺伝子の関係を主張する研究さえも含まれている。

いったい人間のどの程度が環境に左右され、どの程度が遺伝子に左右されるのか。これは決着のついていない問題なのだ。

だとすれば、「ヒットラーのコピー」にも「フセインのクローン」にも、「ばかばかしい」と言いきれない危うさがある。

マスメディアも一般の人も、単なる無知でヒットラーやフセインの話に飛びついたわけではない。識者といわれる人たちが非難したような単純な意味で、フセインのクローンが何から何までフセインと同じだなどとは、誰も考えていなかったに違いない。育った環境が人間を変えると信じていなければ、子供の教育にあれほど熱心にはなれないだろう。

その一方で、「この子の成績が悪いのは、やっぱりお父さんの遺伝かも」と思う母親たちがいるのも想像に難くない。

遺伝子が全く同じでも、人間は教育や経験、努力によっていくらでも違う人間になれるはずだ。いや、初めから遺伝的に決定された部分はどうしようもないのかもしれない——。

体細胞クローン羊の登場は、そんな微妙な気持ちの揺れを表面化させた。その影響は、専門家の議論にも顔を出している。

❏「遺伝子が等しい」とは?

「皆さんの意見の背景には遺伝的非決定論というのがあるように思います」。それまでじっと議論を聞いていた東京大学医科学研究所の勝木元也教授が発言した。遺伝的非決定論とは、遺伝子が人間を決定しているわけではないという考えだ。

「同じ遺伝子構成であってもいろいろな人格がでてくることは十分認めます。しかし、分子生物学者、遺伝学者として考えると、それもその人のもつ遺伝子の可能性の範囲内であって、人格の幅は当然そのなかに含まれているものだと考えます。したがって、大きな視点からみますと、大きな幅をもった決定論だと思うんです」。

一九九八年四月十三日。霞ケ関の通産省別館にある会議室では、科学技術会議生命倫理委員会のクローン小委員会が開かれていた。科学技術会議は首相の諮問機関で、科学技術庁が事務局を担当している。その下部組織である生命倫理委員会は、クローン羊「ドリー」の誕生が明らかになったことを受けて、九七年の十月末から検討に乗り出した。

この日は小委員会の四回目の会合で、議論の焦点となっていたのは「何を根拠にクローン人間作りを禁止するか」である。

そのなかで、「遺伝子が等しい」ことの意味をめぐり、ちょっとしたジレンマが生まれていた。事務局がまとめた論点には「オリジナルの人間の複製としてクローン人間を作ることは人間の尊厳に反する。なぜなら、人間はあらかじめ性質を決められていない非決定性を基本としているから」という主張が含まれていた。しかし、これを逆に解釈すれば「クローンのように遺伝子が等しければ、あらかじめ性質が決まっている」となり、遺伝的決定論に与することになりかねない。環境の影響を重視する人々にとっては、見逃せない解釈である。

このようなジレンマに対し、マウスを使った発生工学が専門の勝木は「遺伝子が人格を決定するわけではないけれど、遺伝子が人間を決定している部分だってあるんですよ」と暗に指摘したわけだ。

勝木は続けた。「具体的に申しますと、ある種の病気になる可能性は遺伝子で決まっている。そうなりますと、保険に入るとかなんとかいうことでも、遺伝子を調べればいろいろな制度に不具合が生ずるということも事実だと思います。つまり、現在の社会において遺伝子をあらかじめ知られていることが不都合である、それが唯一性、非決定性を基本とする人の尊厳を侵害することだというふうに思います」。

言いかえれば、遺伝子が人間を決定する部分があればこそ、クローン人間は人間の非決定性を侵す、と主張したわけだ。

しかし、この主張はすんなりとは受け入れられなかった。委員の一人で科学技術政策論を専門とする榊島次郎は「複製という表現を強調し過ぎるのが気になる」と反論した。

彼は「複製はいけないという論点だけでいくと、核移植によって遺伝形質をあらかじめ決められた人間は、それで人生が決まっているということになり、遺伝決定論になってしまいます。それを政策決定の場で強調しすぎると、新たな遺伝差別を生む可能性が高い。だから、遺伝関連技術の規制論議では遺伝決定論を押し出さないようにするというのが、国際的な共通了解になっていると思います」と一気に述べた。

確かにこの議論は難しいところである。なぜなら、どちらの意見もある意味で正しいからだ。

この日の議論も、遺伝的決定論の話にはそれ以上踏み込まず「両性の生殖細胞を使わない生殖は不妊治療の範囲を超えている」「あらかじめ人の遺伝形質を決めてしまうことは人の育種につながるので認められない」などの議論へと移っていった。

結局、九八年六月にまとめられた中間報告では「(クローン人間作りは) 遺伝的形質が予め予見されている無性生殖であり、男女両性の関わり合いのなか、子供の遺伝的形質が偶然的に定められるという、人間の命の創造に関して日本人が共有する基本認識から著しく逸脱する」といった表現に落ちついた。

また「(クローン人間は) 遺伝的形質が遺伝情報の提供者と同一となる。その結果、成長過程での環境要因の作用による違いは生じるものの、産み出される人の表現形質が相当程度予見可能である」といった表現もみられる。

「遺伝子が決定するもの」はなにか。このテーマはクローン技術を審議していたもうひとつの機関、学術審議会のバイオサイエンス部会でも焦点のひとつになった。

❏遺伝子の複製と人格の複製

学術審議会は文部大臣の諮問機関で、大学をはじめとする研究機関の研究を取り扱っている。研究者に科学研究費補助金（科研費）を配分する役割も担っている。

クローン羊「ドリー」誕生が明らかになった直後の九七年三月には、科研費をヒトのクローン研究に対しては出さないというモラトリアムを設けた。続いて四月にはバイオサイエンス部会にクローン研究を審議する作業部会を設け、科学技術会議とは別に、検討を続けていた。

学術審議会は最終報告を九八年七月に公表したが、そのなかにはわざわざ「遺伝子の複製と人格の複製」という項目がたてられている。公の文書で、こんな哲学的な表現にお目にかかるのは初めてのことである。

報告は、クローン羊については、元になった羊と「姿かたちやさまざまな機能がきわめて似ていることが予想される」と認めている。一方「人類においては、これまでの遺伝学、脳科学、心理学などの研究から、必ずしも遺伝子型のみが、人格のすべてを決定するものではないことが明らかにされている」と述べている。

これは遺伝的決定論を否定するトーンであり、「クローン個体作製についても、全く同一の人格が複製されるかのような、過度の懸念は不要」と結んだ。

そのうえで、多くの人々が「誤解にもとづくものも含まれる」とはいえ不安を抱いていると指摘し、その事実を重視した。これに加えて、安全性が確認されていないこと、受精卵に遺伝子改変を加えるのと同様の意味があることなどをあげ、クローン人間作りの禁止を打ち出している。

言いかえれば、「クローン人間がオリジナルの完全な複製と考えるのは誤解だが、安全とは言い切れないし、生殖細胞に人為的な操作を加えるようなものなので、禁止すべきだ」と主張したわけだ。

遺伝的決定論をめぐる攻防には歴史的背景がある。そのつど議論は「人間は遺伝で決まる」という遺伝的決定論と、「人間は環境で決まる」という環境決定論のあいだを揺れ動いてきた。

かつて遺伝的決定論に傾いていた振り子は、ヒットラーによる悪しき優生学の弊害が明らかになったことによって、大きく環境側に揺り戻した。性差による能力差を否定するフェミニズムもまた、この振り子を環境側にシフトさせる役割を果たした。現代の「知識人」や「文化人」は、遺伝で人間が決まるなどといってはいけない、という雰囲気があるのは確かだろう。

しかし、もう一度よく考えてみると、最近の遺伝子研究によって再び針は遺伝側に揺り戻されようとしている。人間が遺伝と環境の相互作用による産物であることを承知したうえで、遺伝子がどこまで人間を決めているかを知りたい。これが現在の研究の流れではないだろうか。

「人間のある部分は遺伝子で決まっている」という勝木の主張は、分子生物学に携わる研究者なら、だれでも感じていることではないかと思う。

私自身の個人的な感想をいえば、環境と遺伝のあいだを揺れ動く振り子のあいだで引き裂かれそうな気分だ。「白人は黒人より知能が高い」「男は生まれつき理科系が得意だ」などといわれれば「そんなバカな」と即座に反論できる。その一方で、人間のさまざまな能力に遺伝子が関与している可能性を全面否定もできないからだ。

遺伝と環境。古くて新しいこの問題をめぐるテーマは今後さらに身近なものになっていくに違いない。遺伝と環境の相互作用が明らかになった時に、その情報をどのように受けとめていけばいいのか。利用することも悪用することもできるという点で頭の痛い問題である。

8章 性差と遺伝子

❏脳に性差は存在するか

科学的な論文を見て腹を立てることはそうはない。だが、カナダ人研究者であるドリーン・キムラの論文を見たときには、ちょっとだけ頭に血が上った。

キムラは、「胎児の脳が発生するときには性ホルモンが影響するので、女性と男性では異なる働きをもつ脳ができあがる」と主張する一人である。その結果、女性は語彙が豊富で言葉が流暢、手先の作業の正確さなどに優れている。一方、立体的な物体を頭のなかで回転させて解く空間課題や、数理的推理、隠し絵テストなどでは男性にかなわない、と断言してはばからないのだ。

キムラが主張するまでもなく、この世には「性別によって、生まれつき得意なものと不得意なものがある」と主張する人たちがごまんといる。そういう人たちにいわせれば「女は生まれつき育児や家事に適していて、細かい手作業が得意、語学は得意だが数学や理科が苦手で、看護婦や保母には向いているが会社経営は不得手」ということになる。

そんなバイアスのかかった発言を我慢して聞き流してきた女性たちにとって、キムラの論文は神経を逆撫でするようなものではないだろうか。

「遺伝と環境」の問題に興味があった私は、腹を立てながらもキムラの研究に引き寄せられた。なぜなら、「性によって生まれつきの能力に違いがある」ということは、言いかえれば、その違いは遺伝的なレベルで決まっているということになるからだ。キムラのいう胎児期の性ホルモンの差にしても、その差を生み出しているおおもとは性染色体の差だといってもいいだろう。

結局、キムラの研究に刺激を受けた私は、空間認知能力の指標であるメンタル・ローテーション・テストと呼ばれる検査を手に悪戦苦闘するはめに陥ったのだが、その奮闘記について語る前に、性差についてこれまでにわかっていることを紹介してみよう。

❏男性決定遺伝子

女性と男性には確かに見かけ上、さまざまな違いがある。そのなかで私自身が「生物学的な違い」

と躊躇なくいえるのは、生殖に関係する性差ぐらいだ。女性には子宮や卵巣があって、妊娠、出産する機能が備わっている。男性には妊娠や出産はできない。

それ以外に見られる多くの性差は、いずれも「生物学的な違い」と断定するのがはばかられるものばかりである。

ものごころついたころには自分の性別を認識している人がほとんどだが、その性別は受精の瞬間に決定された性別に従っている。

受精は母親の卵子と父親の精子が出会うことによって成立する。卵子や精子は「減数分裂」という特別な細胞分裂を経てできる生殖細胞で、染色体の数は通常の細胞の半分だ。卵子の性染色体はすべてX染色体で、精子の性染色体はX染色体か、Y染色体のいずれかだ。

卵子に受精した精子がX染色体をもっている場合は、受精卵の性染色体はXXとなり、女の子に育っていく。Y染色体をもつ精子が受精すれば受精卵の性染色体はXYとなり、男の子となる。

ほ乳類の場合、性の基本形は女性である。つまり、ほうっておけば受精卵は女の子になろうとする。Y染色体が存在すると、その道筋を男性へと方向転換させるように働く。その分かれ道は受精から六週目ごろに訪れ、男性型の受精卵はY染色体に書き込まれた遺伝情報によって睾丸を発達させ始める。

受精卵を男の子へと導くY染色体上の男性決定遺伝子は長年謎だったが、一九九一年にマウスのsry遺伝子がこの決定遺伝子として発見された。人にも同様の遺伝子があることが確かめられ、SRYと名付けられた。その後、sry遺伝子を雌マウスになるはずの受精卵に導入して育てたところ、睾丸をもつマウスが生まれたという「性転換」実験も発表された。

SRYは男性決定因子として広く認められ、オリンピックや陸上競技会の性別チェックにまで使われるようになっている。しかし、SRY以外にも性別を左右する遺伝子があるという報告がある。どうやら、性決定の主要な遺伝子であるSRYとそれ以外の複数の遺伝子が協力しあって、男の子の体を作り上げているようだ。

❏能力、行動、情動の性差

それでは、生殖機能以外の体の性差の背景には何があるのだろうか。

以前にも述べたように、人間の能力や行動の個人差に生物学的背景を求める研究は古くからある。そして、この種の研究は必ずといっていいほど、女性と男性の差を説明する際にも応用される。

たとえば、十九世紀の頭蓋計測学は「頭の大きさが知能に関係する」という、今考えればまったく馬鹿げた学説を掲げたが、この学説は黒人の知能が低いことの根拠として使われた。そして、当然のように女性の知能が生物学的に劣る根拠としても利用されたのだ。

また、現在でも知能の指標として使われているIQは、平均点に性差がでないように作られているが、これらのテストを構成する言語サブスコアと、作業サブスコアは性差を示すといわれる。言語サブスコアは言語テスト、作業サブスコアは空間テストなどから構成されているが、米国で子供を対象に実施した調査では、言語スコアは女児が優れ、空間スコアは男児のほうが優れていたという。

過去に行われた千以上の性差研究をレビューした調査で、言語能力、空間能力、数量的能力の三つの認知能力と、攻撃性のパーソナリティーには性差が認められたという話もある。

ここから、「言語能力は女性のほうが高く、空間能力は男性のほうが高い」という言い方が一般的にされるようになり、加えて、数学能力や方向感覚、チェスや囲碁、音声認知などにも性差による得手不得手があると主張する人がでてきた。

たとえば、アイオワ州立大のカミラ・ベンボウのグループは数学能力の性差を強く主張している。その根拠のひとつとなっているのは、数学的才能のある子供たちを集めて実施した調査である。この調査によると、才能のある女の子の数は男の子の数に比べて少なく、得点が高くなるに連れて男の子の割合が増えたという。しかし、これが本当に生物学的な要因によるのか、環境要因によるのかは、いまだに論争のあるところだ。

もちろん、生物学的要因と一言でいっても、その内容は遺伝子や染色体に限っているわけではない。性ホルモンや脳の構造の違いが性差をもたらしていると主張する報告も数多い。ここではとりあえず、遺伝子と染色体が認知能力の性差に関係しているという主張を紹介しよう。

❏空間能力と遺伝子

遺伝子によって認知能力に性差が生ずるという考えが本当なら、その遺伝子は性染色体上にのっていると考えるのが普通だろう。一九四三年にはこの考えにもとづいて、X染色体上に劣性の空間能力遺伝子がのっているという「X連鎖劣性遺伝子理論」が唱えられた。

この仮説は、色弱や血友病、デュシャンヌ型筋ジストロフィーといったX連鎖劣性遺伝病が男性に多く発病するのと同じ原理で、空間能力の男性優位を説明しようとする。

女性の性染色体はX染色体が二本、男性の性染色体はX染色体が一本とY染色体が一本で構成されている。血友病の遺伝子はX染色体上にある劣性遺伝子で、男性の場合はひとつの遺伝子の故障で即発病する。しかし、X染色体を二本もつ女性は、ひとつ故障があっても、もうひとつの遺伝子が補うため、故障が二つそろわなければ発病しない。

これと同じように、X染色体上に劣性の空間能力遺伝子がのっていたとしたらどうだろうか。男性の場合はこの遺伝子がひとつだけあれば機能を発揮するが、女性の場合は二つそろわないと発揮しない。したがって、男性のほうが空間能力遺伝子が機能を発揮するチャンスが大きくなる、ということになる。

複雑な人間の能力が、ひとつの遺伝子で決まるとは考えにくいが、実際この仮説はその後の研究で否定された。仮説が正しいと仮定した場合に導かれる、空間能力の高い女性と男性の割合が、現実のデータと合わなかったからだ。とはいうものの、空間能力をつかさどる遺伝子が存在するという仮説自体はまだ消滅したわけではない。

言語能力についても、一時は空間能力同様、X染色体上の劣性言語能力遺伝子が提唱されたが、これまでのところ裏付けはない。数学遺伝子や方向感覚遺伝子、音楽能力遺伝子、チェス遺伝子なども同様である。

❏女性の社会的適応力

「女性が言語能力や社会への適応力など、社会的な振る舞いにたけているのは、X染色体上にある遺伝子が原因である」。一九九七年六月の「ネイチャー」誌に、イギリスの研究チームがこんな新説を発表した。ターナー症候群と呼ばれる人々について調査した結果だという。

ターナー症候群の人々は、認知能力の性差についての研究にしばしば登場する。性染色体の型がXOで、X染色体を一本しかもたない人々だ。Y染色体がないので性別は女性だが、X染色体がひとつしかないのでX連鎖の劣性遺伝子が男性と同様に働くと考えられる。

したがって、X連鎖の劣性の認知能力遺伝子が存在するとすれば、ターナー症候群の人たちは男性同様、高い能力を示すチャンスが高くなる。前に述べたX染色体上の劣性空間能力遺伝子が実際に存在すれば、ターナー症候群の人も男性同様に空間能力が高くなるはずだが、実際には逆だった。このことも、X染色体上の劣性空間能力遺伝子の存在を否定する根拠となっている。

また、ターナー症候群の人のX染色体は、母親から受け継ぐ場合と、父親から受け継ぐ場合があるため、その違いを調べるのにも役立つ。「ネイチャー」誌に発表された論文は、これを利用した研究だった。

ロンドンの小児健康研究所のデービッド・スクーズ教授らは、ターナー症候群の女性八〇人を調査対象に選び、X染色体を父親から受け継いだ五五人と、母親から受け継いだ二五人のグループに分け、IQや社会的適応力などを測定した。社会的適応力は、他人の感情がわかるか、意味もなく怒り出すことがあるか、他人の会話に割ってはいるかなど一二項目について、両親が判定した。

その結果、二つのグループ間でIQには差がなく、通常の女性と比べても差がなかったが、ターナー症候群の女性は全体に社会への適応がうまくいかないことがわかった。さらに、二つのグループ間では、父親のX染色体を受け継いだグループのほうが言語能力や社会的適応能力が優れていたという。ここからスクーズらは「X染色体には社会的適応能力をつかさどる遺伝子があり、父親から受け継ぐX染色体上だけで活性化されている」という仮説を提案した。

これが本当だとどういうことになるだろうか。

普通の女の子は母親と父親の両方からX染色体をひとつずつ受け継ぐ。一方、男の子はX染色体を母親から、Y染色体を父親から受け継ぐ。もし、父親から受け継ぐX染色体だけで「社会的適応能力遺伝子」が活性化されるとすれば、女の子には伝わるが、男の子には伝わらないということになる。このように、どちらの親からもらったかに応じて、遺伝子の働きが異なる現象をゲノムインプリンティングと呼ぶ。

このことから、スクーズらは「女性の言語能力や社会的適応能力が高いのは、生まれつきだ」と結論付けているが、社会的適応力が高いとはいえない私には、にわかには信じられない話だ。

❏右脳と左脳

人間の脳は左右の塊に分かれていて、そのあいだを脳梁と呼ばれる神経の束がつないでいる。左右の脳の役割分担が、女性の脳と男性の脳では異なる、という言い方を聞いたことがある人は多いのではないだろうか。

脳の特定の場所が、特定の機能をつかさどると考える「脳機能の局在」の考えは、十九世紀に生まれた。フランスの脳外科医ポール・ブローカは、失語症の患者の脳を解剖し、みな左半球前頭部に損傷があることに気付いた。

二十世紀にはノーベル賞学者のロジャー・スペリーが、てんかんの患者を対象にして右脳と左脳の役割分担の研究を進めた。てんかんの発作を抑えるひとつの方法として脳梁を切り放したのちに、どちらの脳がどのような役割を担っているかを調べたのだ。

このような分離脳の実験と、脳損傷を受けた人の研究をあわせた結果から、右利きの人は、左脳に言語機能や分析的・数学的機能があり、右脳に空間機能や音楽のような非言語的機能があると考えられるようになった。

一九七〇年代に入って、女性と男性の脳の違いも、左右の脳の役割分担で説明できると考える人たちが現れた。簡単にいえば「女性よりも男性のほうが、右脳と左脳の役割分担の割合が大きい」という考えである。

たとえばジェレ・レビーの認知混雑理論によると、女性は言語機能を両半球にもっているため、右半球では言語機能と視的空間機能とが共存している。一方、男性は主に左半球を言語機能に使い、右半球を視的空間機能に使う。結果的に、女性の右半球は男性に比べて込み合っているので、空間能力が発揮しにくいという考え方だ。

この考え方は、特に遺伝子と結びつけられているわけではないが、女性と男性の脳の差が、それぞれの個人差よりも大きいと主張するからには、生物学的な違いを前提としていることになるだろう。

胎児期のホルモンが、左右の脳の役割分業に性差をもたらすという考えもある。ノーマン・ゲシュビントらによると、高レベルの男性ホルモンが左半球の成長を遅らせるため、男性の脳は女性よりも右半球優位となるという。

いずれにしても、本当に左右の脳の役割分業に性差があるかどうかは、研究者のあいだでも論が分かれるところだ。

❏環境が性差を作る?

ドリーン・キムラは女性研究者でありながら、脳の生物学的な性差を強調しているが、生物学的性差に異論を唱える研究者の多くもまた女性である。

彼女たちの言い分をまとめれば、「たとえ表面的には性差が認められたとしても、それは女の子は女らしく、男の子は男らしくというように、性役割を押しつけられて育ったためだ。全く同じように育てば性差はなくなる」となるだろう。

言いかえれば、「遺伝」よりも「環境」が重要な役割を果たすという考えだ。

行動や能力の性差に、生物学的要因よりも心理学的要因が強く働いている可能性を考える場合には、確かに性役割に対する固定観念が見逃せない。

たとえば一九七〇年代に実施された「ベビーX」研究と呼ばれるおもしろい実験がある。研究グループは、生後三カ月の乳児に黄色いジャンプスーツを着せて、被験者の大人と三分間ずつ遊ばせた。

この子は実際には女の子だったが、被験者の三分の一には「赤ちゃんは女の子ですよ」と教え、三分の一には「男の子です」と教えておいた。残りの三分の一はどちらとも教えられていなかった。

その結果、赤ちゃんは男の子だと教えられた人は性別による区分けのはっきりしないおもちゃで遊ぶ傾向があり、女の子だと教えられた大人は、人形など、女の子向けとステレオタイプ化されているおもちゃで遊ぶ傾向があったという。

同じように、コンドリーのグループは生後九カ月の乳児が遊んでいるビデオテープを見せ、半数の人には赤ちゃんは女の子だと教え、残りの半数には男の子だと教えた。すると、全く同じビデオを見たのにもかかわらず、赤ちゃんが男の子だと思っている人は、赤ちゃんがびっくり箱に驚いて泣き出したのは「怒っている」せいだと考え、女の子だと思っている人は「恐がっている」と考える傾向があったという。

このような性役割に対する固定観念が、女の子を女の子らしく、男の子を男の子らしくするプレッシャーとして働くことは想像に難くない。

その傾向は、成長するにつれて強まることはあっても、弱まることはないのではないだろうか。

❏メンタル・ローテーションの性差調査

ここで話を空間認知能力に戻すことにする。メンタル・ローテーション・テストは知能検査にもでてくるような立体図形の認知のテストで、略してMRTと呼ばれる。積み木をいくつも連ねたような立体図形を見て、等しいものと異なるものを見分ける課題で、キムラの論文では「女は生まれつき苦手」と指摘されている。

MRTには異なる角度から見た図形が描かれている。だからこれを見分けようとすれば、頭のなかで図形を回転させて一致するかどうか確かめてみなくてはならない。もちろん、これ以外にも手段はあるが、典型的な解き方はこれだろう。メンタル・ローテーション（心的回転）と呼ばれるゆえんである。

これまでの研究では男性のほうがMRTの成績がいいといわれ、空間認知能力が女性より男性のほうが高いといわれる根拠のひとつになっている。ここから、女は方向音痴だとか、男のほうが物理や幾何が得意だという結論まで導く人もいる。

白状すれば、私はMRTがひどく苦手だが、だからといって「女性は生まれつき空間認知能力が劣る」といわれて簡単に引き下がるわけにはいかない。たとえ空間認知能力に性差が見られるとしても、それには「女が女として育てられる環境」が関わっていないはずはないと思うからだ。

できることならそれを証明したいと考え、大学生を対象にMRTと性役割の関係を探る調査を実施した。

バンデンバーグが作ったMRTを実施してもらう一方で、女性性と男性性を測定する質問紙に答えてもらい、その関係を調べるという調査だった。個人の女性性と男性性を調べる心理学的な指標はいくつもあるが、このときは「ベム性役割質問票（Bem Sex Role Inventory＝BSRI）」を使った。

その結果、表面的には確かに女性よりも男性のMRTの得点が統計的に有意に高かった。しかし、文科系と理科系を比べると、女性でも男性でも、理科系の得点が有意に高いというデータも得られた。これはMRTの得点に学習効果が関係している可能性を示唆している。

さらに、男性性が高い女性のほうが、女性性が高い女性よりもMRTの成績が高い可能性を示すデータもあった。これは、シグノレラとジャミソンが行った、性役割ステレオタイプへの適合と、能力の性差の関係についてのメタ分析の結果と一致する部分がある。二人の分析によると、空間課題の一部と数学の課題で、男性性が高く、女性性が低い女性の成績が高かったという。

さらに、利き手とMRTの成績との関係も調べてみたが、はっきりした結果はでなかった。自己申告してもらった方向感覚の善し悪しとの関係をみると、男性の場合は「方向感覚がいい」人は、MRTの得点とBSRIの男性性が高い傾向があったが、女性の場合ははっきりした傾向がなかった。

いずれにしても、この調査は予備的なもので、確実なことをいうためにはさらに厳密な調査が必要だ。しかも、ＭＲＴのようなテストの成績には、非常に多くの要因が関係していると思われるので、単一の要因をあぶりだすのはかなり難しいに違いない。

結局、ＭＲＴと性役割の関係は見いだせなかったが、人間の能力を性差で規定するのは無理があると今でも考えている。

9章 DNA鑑定

❏大統領のDNA

米国の第四十二代大統領、ビル・クリントンは、歴代の大統領のなかで初めて「DNA鑑定を受けた男」として歴史に名を残すことになるかもしれない。リンカーン大統領は死後にDNA分析の話が持ち上がったが、これはまた、別の話である。

クリントン大統領と元ホワイトハウス実習生モニカ・ルインスキーの不倫疑惑は、大統領が州知事時代の元部下に、セクシュアル・ハラスメントで訴えられたことに始まる。「シミ」のついたルインスキーの青いドレスの存在は、一九九八年の夏に米国内に嵐を巻き起こした一連の不倫疑惑のなかで明らかにされた。

問題のドレスはワシントンにあるFBIの研究所に運ばれ、精液の痕跡があることが明らかになった。一方、クリントンの右腕からは約四ミリリットルの血液が採取され、FBIの研究所に運ばれた。

この二つのサンプルからそれぞれDNAが抽出され、DNA鑑定が実施された。その結果、二つのサンプルのDNA型は一致し、ドレスについていた精液の主と血液を提出した人間が別人物であるのにDNA型が偶然一致する確率は七兆八七〇〇億分の一とはじきだされた。

言いかえれば、ほぼ間違いなく、ルインスキーの青いドレスに精液を付けた人物はビル・クリントンだと判定されたのだ。

❏個人を識別する

私が初めてDNA鑑定の話を取材したのは十年以上前のことである。一九八五年に英国でDNAフィンガープリント（指紋）と呼ばれる個人鑑定の新手法がジェフリーズによって開発され、日本でもDNAによる個人識別が注目されるようになってきた時期だった。

東京大学医学部法医学教室の大学院生だった本間正充は、この手法を論文で知り、日本人にも応用できないものかと考えた。論文を参考に、当時法医学教室の主任教授だった石山昱夫や第一生化学教室の木南凌らと協力して解析方法を開発し、実際に応用が可能であることを実験的に確かめた。一九八七年のことだ。

本間らは、すでに被疑者が逮捕されている殺人事件で、現場に残されていた精液と被疑者の血液を分析して比較し、両者のDNA指紋が一致することを確認した。男性ボランティアの血液と精液の分析でも個人識別は可能で、子供の認知問題がからむ親子鑑定にも応用できることがわかった。

この段階では、基礎研究という意味あいが強く、実際に現実の犯罪などに応用するまでにはギャップがあるという印象だった。しかし、まもなく警視庁はこの技術を犯罪捜査に導入することを決めた。DNA鑑定の方法も少しずつ改良され、犯罪捜査だけでなく、親子鑑定へも広がっていった。

何の目的に使うにせよ、DNA鑑定の基本にあるのは、DNAの塩基配列の個人差である。人間、すなわちホモサピエンスのゲノムは基本的にみな「同じ」とみなされるが、それは、「人間」と「サル」を比べた場合に、人間は人間同士、サルはサル同士でゲノムが共通だという意味だ。個人個人をみると、塩基配列のそこここに少しずつ違いがある。つまりDNAの塩基配列に「多型」がある。

このような配列の違いは、細胞のなかで働いて蛋白質へと翻訳される遺伝子の部分にも存在するし、遺伝子と遺伝子のあいだにあって何をしているのかよくわからないDNAの部分にも存在する。塩基配列の違いは、血液型や目の色の違いのように、はっきりと表に現れる違いとして認められることもあるが、まったく表に現れないものもたくさんある。

これを、DNAレベルで分析することによって、個人個人の違いをあぶりだすのがDNA鑑定の基本である。

多型にもいろいろあるが、現在、DNA鑑定に使われているのは遺伝子以外の部分にある「繰り返し配列」を利用するものだ。人間のDNAには、決まった配列が繰り返しつらなっている部分がある。「ATGGCATGGCATGGC」といった具合だ（これはもちろん、たとえである）。そして、その繰り返し数が、ある人は五回、ある人は七回、別の人は二六回というように、人によって異なる。ひとつの繰り返し配列は、繰り返し数の個人差が大きいほど、個人識別能力が高くなる。さらに、一カ所の繰り返し配列の違いだけでなく、複数の箇所を調べれば調べるほど、個人を識別する能力は高まる。

この繰り返し数は当然のことながら、親から子へと遺伝する。したがって、一人の人は繰り返し配列一種類につき、母親からもらった配列の繰り返し数と、父親からもらった配列の繰り返し数の二通りの繰り返し数をもつことになる。

たとえば、繰り返し数に個人差があることがわかっているDNAの領域について、ある人の繰り返し数が二回と五回だったとする。日本人の間で、それぞれの繰り返し数の頻度が二パーセントと五パーセントだったとすると、一人の人は対立遺伝子を二つずつもっているので二回と五回の組み合わせを持つ人は〇・二パーセント、つまり一〇〇〇人に二人となる。

別の領域の繰り返し数の組み合わせの頻度が一〇パーセントなら、二つの領域が共に一致する人は一万人に二人というように、検査箇所を増やすと識別能力が上がっていくことになる。

ちなみにクリントンのケースでは、全部で一七カ所の繰り返し配列を調べたという。

❏親子のあかし

「貴方がパパと断言できますか?」。扇情的なコピーの広告が日本のサラリーマンの度肝を抜いたのは一九九七年のことである。パンツを下ろしてお尻を見せた白人の坊やの写真が添えられ、「誰にも知られずだ液でDNA鑑定ができます」とうたっていた。

この広告を出したのは、株式会社「ジーン・ジャパン」で、米国にあるDNA鑑定の専門会社「アイデンティ・ジーン」社の日本のエージェントとして都内で営業を開始したところだった。

「広告を出したときには、文句がくるんじゃないかと心配しましたが、反感を買うことはほとんどなかったようです」。貿易会社から転向した当時の社長は語った。

DNA親子鑑定を実施する民間会社は、米国には山のようにある。インターネットで検索してみれば一目瞭然だ。米国でDNA親子鑑定が流行る背景には、子供の認知と養育費の支払いが関係しているといわれる。

鑑定の原理はDNA鑑定による個人識別と同じだ。ある人の繰り返し配列の数は、片方を母親から、もう片方を父親から受け継ぐので、必ず同じ繰り返し配列を両親のいずれかがもっている。したがって、母親にも父親にもない繰り返し数が子供に存在した場合は、その繰り返し数は全然別の人から受け継いだもので、父親か、もしくは母親のどちらかが、その子の生物学的な親ではないことの証明となる。

通常、母親は子供が自分の子供かどうかはわかっているので、DNA親子鑑定は父と子の関係を調べる父子鑑定として実施されるケースがほとんどだ。

実際に使われているDNA親子鑑定の方法は複数あり、たとえばジーン・ジャパンの親会社であるアイデンティ・ジーン社は二〜五塩基を一単位とする繰り返し配列（Short Tandem Repeat＝STR）を利用して分析している。すべてのDNAを検査対象とするのではなく、ねらったSTRだけをPCR法で増幅し、電気泳動にかける。すると、繰り返し数の違いがSTRの長さの違いとして検出できる仕組みだ。

通常は六種類のSTRを使って六部位を鑑定する。これによって、平均九九・九五パーセントの精度で「父親ではない」という判定が下せる。精度が足りなければさらに十一種類のSTRが追加できるという。

DNA鑑定には、STRよりも単位が長いミニサテライトと呼ばれる繰り返し配列を利用する方法もある。DNAを特定の配列を切断する酵素で切断し、断片の長さの違いをバーコードのようなバンドパターンとして読みとる。繰り返し数が多ければ長いバンドとして検出され、少なければ短いバンドとして検出される。

ミニサテライトを使った鑑定方法のなかにも、一度に複数の場所を検出するマルチローカス法と、ひとつの場所だけを検出するシングルローカス法がある。ジェフリーズが最初に開発したのはマルチローカス法で、DNAのバンドパターンが指紋のように個人によって異なることからDNAフィンガープリントと呼ばれたが、それぞれのバンドがどのDNAを表しているかがわからないという弱点が指摘されている。

ジーン・ジャパンが登場するまで、日本のDNA親子鑑定は、主に大学の法医学教室で実施されてきた。民間会社では帝人バイオ・ラボラトリーズが英国のセルマーク社から技術導入した方法を使って実施してきた。

しかし、いずれの場合も、個人からの直接の依頼は受けないという点で、ジーン・ジャパンとは異なる。

帝人バイオは年間約三〇〇〜四〇〇件の鑑定を実施している。主に相続を争う民事裁判に伴う鑑定で、裁判所や弁護士からの依頼を受けて実施する。鑑定に使用するサンプルはDNA量が多い血液を用い、面接して採取するため、関係者の了解なしには鑑定できない。

一方のジーン・ジャパンは、「だ液で鑑定できる」といううたい文句にあるように、ほほの粘膜を脱脂綿のついた棒でこすり取り、そこに付着した細胞からDNAを分析する。鑑定を依頼する人が自分で採取し、郵送で鑑定を依頼できるため、関係者の了解なしに実施することもできる。

実は、このような郵送方式は米国では認められておらず、日本独特の方法である。「米国はオープンなので面接方式だけだが、日本人の国民性を考えて郵送方式を採用した」とジーン・ジャパンは説明した。つまり、「この子は本当にオレの子供か」「この子は夫の子供なのか、そうではないのか」という密かな疑問に、人知れず答えようというのが、日本の親子鑑定会社の特徴なのだ。

DNA親子鑑定ビジネスは軌道に乗り、ジーン・ジャパンの後に「コード・ジャパン」「DNAサーチ」といった同様の民間会社が次々と設立された。日本法医学会によると一九九九年三月末現在、その数はインターネットに公開されているだけで十一にのぼる。

しかし、これらのビジネスに問題がないわけではない。

その問題について述べる前に、さらに大きな論争をはらんでいる犯罪捜査におけるDNA鑑定について紹介しておくことにしよう。

❏犯罪の証拠

DNA鑑定が世の中の脚光を浴びるようになったのは、なんといっても犯罪捜査への応用である。

日本では一九八九年に起きた幼女誘拐殺人事件をはじめ、一九八一年に起きた大分みどり荘事件、一九九〇年に起きた足利事件、一九九五年に起きた月ケ瀬村女子中学生殺人事件などで、DNA鑑定が実施されている。

米国ではO・J・シンプソンのケースなどに使われ、注目を集めた。

犯罪捜査における個人識別も、方法論はクリントン大統領の個人識別と基本的にかわらない。現場に遺留された血液、精液など、DNAを含む資料を分析し、被疑者、もしくは身元がわからない被害者のものかどうかを鑑定するのだ。

日本の犯罪捜査で当初検討された方法は、マルチローカスのDNAフィンガープリント法だった。つまり、DNAを特定の配列を認識して切断する制限酵素で切り刻み、DNA断片の長さを指紋のようなパターンとして読みとる方法だ。

しかし、この方法は再現性が乏しく、犯罪捜査には向かないことがわかり、その後はシングルローカス法に切り替えられた。

法医学者らで作る日本DNA多型学会のDNA鑑定検討委員会は一九九七年十二月、「DNA鑑定についての指針（一九九七年）」をまとめて公表した。それ以前にも、犯罪捜査におけるDNA鑑定に関する警察庁の指針は存在したが、DNA鑑定全体をカバーする学会レベルの指針はこれが初めてのものだった。

この指針は「一般的注意」と「親子鑑定」「刑事鑑定」からなる。

一般的注意としては、資料の由来に関心をもち、採取、受け渡し、保管などが適切に行われたことを確認すること、学問的に確立され、一般的に認められた検査法を用いること、再び採取することができない資料については、再鑑定の可能性を考慮し可能な限り資料の一部が保存されることが望ましい——といった、正確な鑑定のための条件が盛り込まれている。

親子鑑定については、PCR法を使うときの注意や、DNAのどの部位を鑑定に使うかを選択するときの注意、マルチローカス法やシングルローカス法を使うときのそれぞれの注意事項などが記載されている。

刑事鑑定については、特に再鑑定への配慮の必要性、別のDNAが混在する可能性への配慮などが強調された。

❏再鑑定の問題

さらに指針には「DNA鑑定についての指針（一九九七年）決定に至る経過」という文書が添付された。これは、同じ資料を再度鑑定する「再鑑定」をめぐって指針作りが難航したことを示す文書で、指針原案の段階で「検査の再現性の保証」となっていた文言が、最終段階で「再鑑定への配慮」となったことを明らかにしている。

刑事事件におけるDNA鑑定は、犯罪現場に残された、微量で、しかも時には汚染されていたり、分解されていたりする資料を分析し、被疑者のDNAと一致するかどうかを調べるものだ。その結果の重要性はいうまでもないが、このような微量の資料をＤＮＡ鑑定する場合、一回の鑑定に資料をすべて使ってしまうと再鑑定が不可能になってしまう。そこで、再鑑定の保証が問題になるわけだが、なぜ指針では文言が変更されたのか。

ＤＮＡ鑑定検討委員会のメンバーである弁護士の佐藤博史によると、指針の原案では、再鑑定を保証するために資料を保存するのは当然のことで、しかも、それは可能だ、という主旨の文章になっていた。この原案は一九九六年十二月に多型学会で公表され、大筋では異論がなかった。

ところがその後、科学警察研究所（科警研）に所属するＤＮＡ鑑定検討委員会のメンバーから修正案が出され、大幅な変更を余儀なくされた。結果的に、原案の主旨は覆され、資料はすべて消費する場合があり得ることが前提とされ、再鑑定の「保証」は、再鑑定への「配慮」へと後退したという。

佐藤はこの経過を「季刊刑事弁護」に詳しく紹介しているが、ここからはいかに日本の捜査機関が捜査段階の鑑定にこだわり、再鑑定の保証に消極的であるかが伝わってくる。

このような話を聞くと、ＤＮＡ刑事鑑定に対する不安感が芽生えるが、さらに不安なのは実際にＤＮＡ鑑定によって引き起こされるえん罪である。

日本でも、裁判所の依頼を受けて大学が実施した鑑定で、いったん「犯人」とされながら、その鑑定結果がのちに、あっさり覆されたケースがある。ＤＮＡ鑑定が始まって間もないころで、鑑定が信頼性に欠けていたためだ。

一方、米国フットボール界のスーパースターであるＯ・Ｊ・シンプソンが、前妻殺しの容疑で起訴された事件のように、DNA鑑定の結果は彼が犯人であることを示していたにもかかわらず、被告人が無罪になったケースもある。

この事件の場合、裁判における検察側の人種差別的発言が大きな問題となり、DNA鑑定の結果よりもそちらのほうが裁判に影響を与えたと考えられる。

❏親子鑑定の歯止め

刑事鑑定に比べれば影響は大きくないとはいえ、DNA親子鑑定にもさまざまな問題がつきまとう。日本法医学会は、一九九九年四月に親子鑑定の指針をまとめた。日本の親子鑑定の現状に問題を感じているメンバーがワーキンググループを作り、野放し状態である民間会社のDNA親子鑑定に歯止めをかけようとしたもので、「倫理的配慮」「検査の品質の保証」などについて述べた後に「DNA検査」の注意事項が列記されている。

特に注目されるのは、「(親子鑑定を受託する会社の多くは) 個人からの郵送による資料についても検査を行っている。このような資料では採取状況を確認できない点が憂慮され (中略) 個人や家族に害をもたらす恐れがある」「資料を提供した人については、その人であることを証明する根拠が記録として残されなければならない」「資料採取には鑑定人、または鑑定補助者が立ち会うものとする」

などという件《くだり》である。

これらを総合すると、多くの民間鑑定会社が実施している郵送による資料の提出は禁止ということになる。もちろん、本人が知らないあいだに髪の毛やほほの粘膜を採取して鑑定することなど、もってのほかということだ。

しかし、法医学会の指針には会員以外への拘束力があるわけではない。したがって、鑑定会社が従わなければそれまでのことになってしまう。確かに、鑑定人立ち会いが条件となれば、顧客が減るのは避けられないだろう。

とはいっても、知らないあいだにＤＮＡ鑑定されてしまうことがいいとは思えない。米国には血液銀行協会の指針があり、血液などの試料採取は面接で行うことが義務づけられている。日本でも、国レベルの指針作りが必要な時期にきているに違いない。

10章　遺伝子・社会・生命倫理

❏ELSI

フランシス・クリックと共にＤＮＡの二重らせん構造を発見してノーベル賞を受賞したジェームズ・ワトソンは、何かと物議をかもす人物である。１章で述べたように、米国立衛生研究所（ＮＩＨ）のヒト・ゲノム・センター所長だったときには、「遺伝子解析ただ乗り論」で日本バッシングとも受け取れる発言をしたし、その後にはＮＩＨの女性所長だったバーナディン・ヒーリーと遺伝子特許などをめぐる意見の相違でバトルを演じ、センターを辞任している。

天才的な人物にはありがちだが「すごい変人だ」という噂も耳にした。

だが、さまざまな意味で、ワトソンが二十世紀末を象徴するヒトゲノム計画の立役者であることは間違いない。しかも、単に基礎研究を推進する以上の役割を果たしたといっていいだろう。

一九九六年に来日して東京で公演したときには、ワトソンのサインを求めて若手研究者が長蛇の列をなした。私もあいさつをして、一言たずねようとその列の最後に並んだが、ワトソンは差し出した名刺にいきなりサインをし始めたので面食らった。

私がワトソンにたずねたかったのは、ヒトゲノム計画がもたらす倫理的・社会的・法的問題についてだった。なぜなら、米国ではワトソンの提言にしたがって、ヒトゲノム計画の予算全体の三〜五パーセントがそうした問題の研究に費やされてきたからだ。

ヒトゲノムの倫理的・社会的・法的問題は、「Ethical, Legal, and Social Implications」と表現され、頭文字をとってＥＬＳＩ（エルシー）と呼ばれる。ワトソンの発案にもとづいて始まった米国のＥＬＳＩプログラムは、次のような項目をターゲットとしてきた。

1　遺伝情報の使用にあたってのプライバシーと公正（プライバシー、差別と烙印、哲学的問題、公共政策）
2　臨床応用に関する問題（臨床倫理、遺伝子テストとカウンセリング、専門家の問題）
3　遺伝子研究をめぐる問題（インフォームド・コンセント、哲学・倫理問題、法的問題）
4　教育（専門家、一般市民、大学生・大学院生）

これらの研究に費されるELSI予算は、NIHのヒトゲノム計画予算全体の三パーセント（一九九〇年）→四・七パーセント（九一年）→五・一パーセント（九二－九五年の平均）と伸び続けてきた。その額も九五年には六三〇万ドルに達した。一九九〇年～九五年のあいだに一二五の研究に助成金が出され、一五〇の研究成果が論文や書籍として公表されている。

これまでの各章で述べた、遺伝子解析や遺伝子診断、遺伝子治療についても、ここであげたすべてのテーマが深く関係している。米国のELSIプログラムの元では、遺伝子テストと遺伝カウンセリングについて専門家パネルによる詳細な分析がなされ、現状認識と具体的な提言もまとめられている。さらに、一九九八年に発表された一九九八年から二〇〇三年の五カ年計画では、ELSIの新しいゴールとして、次の五項目が設定された。

1　ヒトDNAの塩基配列解読終了と、ヒト遺伝子の多様性の研究に伴う問題の研究
2　遺伝子技術及び遺伝子情報を保健医療や公衆衛生に統合するにあたって生じる問題の研究
3　ゲノムや遺伝子と環境の相互作用についての知識を、臨床以外の場に応用する際の問題の研究
4　新しい遺伝学知識が、哲学や神学的、倫理的な見通しとどのように関係するかを探る
5　社会経済学的要素や、人種、民族の概念が、遺伝情報の使用、理解、翻訳、遺伝サービスの活用、政策の発展にどう影響するかを探る

これだけみても、米国のＥＬＳＩの取り組みに気合いが入っていることがうかがえる。インターネットのホームページをみれば、いかに多彩な取り組みがなされてきたかがよくわかる。

振り返って日本のゲノム研究のＥＬＳＩをみると、いかにも心もとない。

日本でも米国に習って、文部省と厚生省がＥＬＳＩ関連の研究費を予算化してきたが、どちらもヒトゲノム関連予算の一パーセント程度にすぎない。金額にすると、一九九一年度がそれぞれ五〇〇〇万円程度。もとの予算規模が米国とは桁違いに小さいので、雀の涙ほどの額でしかなかった。

実際にこの予算を使って行われたことは国際会議の開催や、文献の翻訳など非常に限られている。さらに驚いたことに、九八年度には文部省の予算から項目そのものが姿を消してしまった。「文部省も厚生省も、その必要性を感じなかったからだ」と専門家は指摘する。

しかし、遺伝子解読と社会との接点で生じるＥＬＳＩは二十一世紀にはますます重要性を増すと考えられる。

❏遺伝子スクリーニング

三菱化学生命科学研究所の米本昌平によれば、欧米におけるヒトゲノムの倫理問題の議論の背景には、一九七〇年代に実施された遺伝病保因者のスクリーニングと出生前診断の論争がある。スクリーニングは「ふるい分け」という意味で、特に問題になったのは不特定多数を対象とするマス・スクリーニング（集団ふるい分け検査）だった。

マス・スクリーニングの対象となった代表的な疾患は、鎌状赤血球貧血や、サラセミア、テイ・ザックス病などである。いずれも常染色体劣性の遺伝性疾患だ。言いかえれば、対立遺伝子の片方だけに変異のある保因者は発病せず、両方に変異のある人が発病する病気で、保因者同士から生まれた子供が四分の一の確率で発病するということになる。

したがって、マス・スクリーニングがめざしたのは、まず、保因者を見つけ、保因者同士が子供をもつ場合には出生前診断を考慮してもらうことだった。

鎌状赤血球貧血は赤血球のヘモグロビンを構成するアミノ酸のグルタミン酸が、別のアミノ酸であるバリンに変わってしまったために発病する。分子レベルでみると、グルタミン酸を指定している遺伝子に一塩基だけ変異が起きている。いわゆるポイント・ミューテーション（点突然変異）だ。結果的に患者の赤血球は三日月状（鎌状）に変形して、溶血性の貧血を起こす。

この病気はアフリカやギリシア、イタリアなどに広く分布している。実は、この変異のある遺伝子の保因者にはマラリア感染に強いという性質があることがわかっている。だからこそ、アフリカなどで自然選択されてきた「有益な」遺伝子だったはずだが、マラリア蚊のいない土地では、単に「有害な」病気の変異とみなされるようになった。

ギリシアで実施された鎌状赤血球貧血のスクリーニングでは、人口の四分の一近くが保因者であることがわかったが、その後も患者の出生率は下がらなかった。それというのも、保因者たちがある種の劣等感を抱いて保因者であることを隠したり、保因者同士の結婚が増えたりしたためだった。

米国では一九七〇年代のはじめからこの病気が注目されるようになった。特に関心が高かったのは黒人のコミュニティで、それというのも、アフリカ系米国人の八〜一〇パーセントがこの病気の保因者だったからだ。そして、医療者だけでなく、コミュニティ主導の形でも遺伝子スクリーニングが実施された。新生児や学童に対するスクリーニングや、結婚に際して遺伝子検査を求める法律を制定した州さえ登場した。

しかし、このスクリーニング・プログラムはいくつかの理由で失敗に終わった。プライバシー保護が不十分だったために差別や誤解を生んだだけではない。遺伝カウンセリングが不適切だったために、健康な保因者が解雇されたり、さらには黒人差別にもつながった。

一方、成功例として取り上げられるのは、テイ・ザックス病のスクリーニングだ。テイ・ザックス病はユダヤ人に多く見られる遺伝性疾患で、ヘキソサミニダーゼA（HexA）と呼ばれる酵素の遺伝子変異が原因で起きる。この酵素が欠けているために、脳に特定の脂質が蓄積し、神経症状を起こして二歳から四歳くらいで死亡する。

この遺伝子は一九六九年に発見され、一九七〇年にワシントンとボルチモアで試験的なパイロット・スクリーニングが実施されたが、これに先立って、リーダーの養成、人員の確保、一般市民の教育に一四カ月が費やされた。

パイロット・スクリーニングが成功したために、本格的スクリーニングが開始され、一九八一年までに三五万人のユダヤ人の成人が自発的にテストを受けた。主なターゲットは子供をもつ年齢にあるカップルで、双方が保因者である場合は多くが妊娠後に出生前診断を受けた。

その結果、テイ・ザックス病の子供の出生率は激減したという。

❏遺伝情報のプライバシーと守秘

米国で実施されたようなスクリーニングが日本で行われたことはなく、その是非についても合意はない。しかし、このようなスクリーニングによって浮き彫りになった問題点は、万国共通だと考えていいだろう。

そのひとつがプライバシー保護、個人情報の守秘義務の問題だ。

個人の遺伝情報を知る権利があるのは誰か。これは現在に至るまで、答えるのが非常に難しい問題である。

もちろん、遺伝情報の持ち主である当人に知る権利があることは確かだ。また、遺伝情報を診断する医師もこの情報を知らずにすますわけにはいかないだろう。

では、それ以外の人に個人の遺伝情報を知らせてもいい場合があるのか。そのような特例があるとしても、個人情報の漏洩を必要最小限に抑えるためには、どのような措置をとればいいのだろうか。

米本によれば、米国ではこのようなプライバシー権は、憲法の解釈の積み上げのなかで確立してきたという。その流れのなかで、米国の各州は遺伝情報のプライバシーを守り、遺伝子情報にもとづく差別を防ぐための法律を制定している。

遺伝情報のプライバシーをめぐって具体的に議論になるのは、雇用や保険加入の際の遺伝情報の取り扱い、保存された血液などの試料へのアクセス、血縁者に遺伝情報を知る権利があるかどうかだ。

❏遺伝子差別を防ぐ

遺伝情報と健康保険の問題は、国民皆保険制度をもたない米国で大きくクローズアップされてきた。民間の健康保険会社が、遺伝子検査で得られる遺伝情報を元に、加入を拒否するケースが考えられるからだ。

健康保険会社は、加入者の健康状態を調べて、保険加入を拒否したり、保険料を割高にしたりする。肺がんになるリスクの高い喫煙者に対しては、保険料が高くなってもしかたがないという考えもある。保険加入を拒否される可能性があるのは、遺伝性疾患に限った話ではない。しかし、遺伝子検査の情報は、現在は健康な人が将来なんらかの病気を発病する可能性を予測することができる。言いかえれば、特定の個人に将来かかるはずの医療費を予測できるということだ。

では、保険会社は遺伝情報を加入者に申告してもらい、それに応じて加入を拒否したり、保険料を引き上げたりする権利があるのだろうか。

たとえば、ハンチントン病の原因遺伝子に異常があるかどうかの情報を、保険会社が加入者にたずねることは妥当なのだろうか。ある種のがんにかかりやすい体質かどうか、アルツハイマー病にかかりやすいかどうかの遺伝情報はどうだろうか。

医療保険や雇用の場における遺伝子情報の扱い方については、米国では早くから議論が進められてきた。

一九九三年には雇用機会均等委員会が、病気にかかりやすい高リスクの人は、米国民障害者法（ADA）によって保護されるべきだという見解を示した。一九九七年七月にはクリントン大統領が、健康保険加入の際に遺伝子診断の結果を理由に人々を差別することを禁止する法律の制定を議会に求めた。この時点で、一七州が保険業者による遺伝情報の差別的な利用を禁じる規制をかけていたが、規制の範囲が十分に広いとはいえなかった。このために、人々が遺伝子検査を受けることを恐れ、致命的な疾患を見逃してしまう可能性があると、クリントンは指摘した。

その後も多くの州が遺伝子差別に対する規制をかけ、連邦レベルではいくつもの法律が議会に提案されている。

このような動きを背景にした米国の保険会社の対応は、加入者に遺伝子診断を勧め、しかもその費用を保険会社が負担するという、ちょっと意外なものだった。

たとえば、乳がんと卵巣がんへのかかりやすさに関係しているBRCA1、BRCA2という遺伝子がある。この遺伝子診断は一九九六年ごろから商業化されているが、ほとんどの保険会社は、その費用の八割から全額を負担しているという。ただし、法律に従って遺伝子診断の結果によって差別はしない、というやり方である。

この話を聞いたときには、なぜ、保険会社が診断費用を負担するのか、それにどのようなメリットがあるのかわからなかったが、説明を聞いて納得した。

保険会社は、遺伝子診断によってがんにかかるリスクが高い人を見つけだし、早期発見や予防につなげることによって、将来かかる医療費を低く抑えようと考えているのだ。

一方、国民健康保険制度のある英国では、一九九五年に議会の科学技術委員会が「ヒト遺伝学――科学とその結果」と題した報告書で、生命保険と遺伝情報の問題を強調した。一九九七年に発足したヒト遺伝学諮問委員会（HGAC）は最初の議題に遺伝子診断と生命保険の問題を選び、一九九七年十二月に「保険における遺伝子診断の影響」と題した報告書をまとめた。

このなかで、遺伝子診断の結果を保険に使うことを永久に禁止することは適当ではない、と認めながらも、現時点では禁止する方向を打ち出した。その理由として、死因に結びつくような一般的な原因が、遺伝子診断ですぐにわかるようになるとは考えられないこと、遺伝子診断の結果の解釈が確実とはいえないこと、不適切な差別に結びつく恐れがあることなどをあげた。

二〇〇〇年十月には保健省の「遺伝子・保健」委員会がハンチントン病の遺伝子診断の結果を保険会社が加入希望者にたずねることを認め、波紋を広げた。

日本は国民皆保険制度を採用しているため、医療保険における遺伝子診断については米国のような問題はまず起きないだろう。しかし、生命保険については可能性がある。

一九九六年六月には、生命保険各社の有志をメンバーとした私的研究会が「遺伝子検査と生命保険」について報告書をまとめている。報告書は、この時点では遺伝子検査が将来どのように進展していくか即断できないとの観点に立って、「生命保険の危険選択上告知すべき事項について、保険申し込み者が知っているならば、保険会社も知る権利がある」「日常診療で通常行われる検査になったならば、保険会社がその検査を採用できる」との見解を示した。

しかし、その後は、特段のまとまった議論はなされていない。国のレベルでも議論もなく、方針は定まっていない。

❏就職差別の禁止

雇用主が従業員の遺伝情報を知りたがるということも考えられる。特に、従業員の健康保険料の相当部分を企業が負担している米国では、健康保険とセットになって、雇用の場での遺伝情報の取り扱いが議論されてきた。

遺伝子検査によって将来重病にかかるリスクが高いとわかった人を、それを理由に雇わないということが公正なのかどうか。それよりも前に、人を雇用するときに、遺伝子検査を要求してもいいのだろうか。

米国では、保険における遺伝子差別と同様に、雇用における遺伝子差別も禁止されている。一九九八年一月には、ホワイトハウスが雇用の際の遺伝子差別を禁止することを保証し、副大統領のゴアは、雇用主が人を雇うときに、遺伝情報や遺伝子検査を求めることを禁止する法律の制定を求めた。

ただし、雇用の場で問題になる可能性があるのは、医療費の問題だけではない。たとえば、パイロットや鉄道の運転手が、心筋梗塞になりやすい体質であることが、遺伝子診断でわかるとしたらどうだろうか。また、職場で扱う材料などが、特定の遺伝的特徴のある人にとって発病のリスクを高めるような場合はどうか。微妙な問題は残されている。

英国でもＨＧＡＣ（ヒト遺伝学諮問委員会）が一九九九年七月に、雇用における遺伝子診断についての報告書を公表した。このなかで委員会は、雇用主が誰を雇うかに遺伝子検査を用いた場合、不公正な差別が起きる可能性があり、将来発症の可能性があるからといって採用しないということは認められないと指摘した。しかし、全面禁止を主張したわけではなく、本人や周囲が危険にさらされる可能性がある場合については、遺伝子検査も考えられるという含みを残してある。

翻って日本では、この種の議論はほとんど行われてこなかった。このために、問題が現実となったときに、どのように考えていいかわからないのではないかという不安が残る。

これまで述べたように、欧米では遺伝子差別を防ぐ手だてが講じられているものの、米スタンフォード大学のポール・ビリングスらの調査によると、実際に保険や雇用の場での遺伝子差別は生じているという。日本でも差別が生じるおそれは十分にあり、手だてを講じる必要があるだろう。

❑家族の知る権利

遺伝情報は他の医療情報と違う部分があるだろうか。

最近、専門家のあいだで指摘されているのは、「遺伝情報は家族と共有している情報でもある」ということだ。なぜなら、特定の遺伝子は親から子へと伝えられ、家族の一人がもっている遺伝子を、他の家族のメンバーももっている確率が高いからだ。

このことから、個人の遺伝情報を知る権利が家族にあるかという問題が浮かび上がってくる。

家族のなかに多発する遺伝性のがん、いわゆる家族性腫瘍の専門家が集まって組織した家族性腫瘍研究会という組織がある。研究会の倫理委員会は、これから増えていくであろう遺伝子診断の需要に目を据えて、詳細なガイドライン作りを進めてきた。生命倫理や法律、心理学や社会学の専門家らからも意見を聞きながら作製したもので、日本の専門家集団が作った遺伝子診断のガイドラインとしては、最も踏み込んだガイドラインだといってもいいだろう。

そのなかで大きな議論となったのが、この「血縁者が知る権利」である。遺伝学の倫理に詳しく、家族性腫瘍研究会のガイドライン作りにもはじめから携わってきた近畿大学教授（京都大学名誉教授）の武部啓は、「遺伝情報を共有している以上、当然、家族には知らせるべきだ」と考えている。「家族に知らせなければ、研究ができない」と強調する基礎医学の研究者もいる。

一方、家族といってもさまざまな形態があり、遺伝情報を知らせ合うような関係にない場合があることを考慮し、「本人の同意なしに教えてはならない」という意見も強い。

一九九九年夏現在、家族性腫瘍研究会のガイドライン案は、遺伝情報を血縁者にできるだけ知らせるよう勧めているが、本人の同意がなければ知らせない、と規定している。微妙な問題であり、今後も検討が重ねられていくはずだ。

❑知る権利と知らないでいる権利

インフォームド・コンセントが重要であることは、遺伝子診断も他の医療と変わりない。むしろ、最先端の医療技術で、一般の人にはわかりにくい部分があるだけに、インフォームド・コンセントの重要性は、他の医療よりも大きいといっていいかもしれない。

遺伝子診断を受ける場合には、その診断によって何がわかるのか、診断によってどのような利益があり、どのような不利益があるのかを十分に知ったうえで、診断を受けるかどうかを判断することが大切だ。逆にいえば、医療者側は、診断を受ける人に十分な情報を提供する必要があるし、それにもとづいて文書で同意をとる必要があるだろう。

もちろん、この情報にもとづいて、遺伝子診断を受けないと決める人もいるだろう。その場合でも、不利益を被らないということを十分に説明しなくてはならない。

「患者は自分自身の医学的な情報について知る権利がある」というのが、最近になって日本でもようやく浸透してきた考え方である。インフォームド・コンセントも、カルテの開示も、この当然の権利が社会的に認められるようになった表れだととらえられている。

しかし、その一方で、自分の遺伝情報を「知らないでいる権利」も強調されるようになった。なぜなら、遺伝情報のなかに、知ることによって精神的なダメージを受ける情報が含まれていることがあるからだ。

その典型的な例が、ハンチントン病の遺伝子診断の情報である。

2章で述べたように、ハンチントン病は多くが中年期以降に発病する。それまではなんの問題もない。ところが、遺伝子を調べれば、その人が将来ハンチントン病を発病するかどうかがわかってしまう。

ハンチントン病の治療法がない現時点では、「自分の遺伝情報は知りたくない」と考える人がいるのは当然のことといえる。

問題はハンチントン病に限らない。アルツハイマー病の原因遺伝子にしても、事情は同じだ。つまり、「診断できても治療できない」という病気で、しかも重い病気の場合には、「知らないでいる権利」が大きくクローズアップされることになる。

前にも述べたがハンチントン病の専門家である東京大学の金澤一郎は、遺伝子診断をする際の判断基準として、「治療法があるか、ないか」「精神に症状を起こすかどうか」を基準に、四つの分類を示している。

治療法があるものについては、本人が希望すれば遺伝子診断を実施することに大きな問題はないだろう。「治療法がなく、精神に症状を起こさない」病気の場合は、病気の重症度によって判断が異なってきそうだ。

「治療法がなく、精神に症状を起こす」場合、金澤は診断に否定的だが、医療者の考えと、診断を受ける側の考えは、必ずしも一致しない可能性がある。このような場合でも、自分の将来の状況を知りたいと考える人も当然いるだろう。

その一方で、知りたくないと考える人も少なくないと思われる。

このような「知らないでいる権利」は、前に述べた保険や雇用における遺伝子情報の扱い方とも密接に関わってくる。つまり、自分の遺伝子情報を知っていた場合、保険加入や就職の際にそれを申告しなければならないとしたら、知らないままでいたほうがいいと思う人がでてくるはずだからだ。

❏DNA試料の保存とアクセス

ここまでは、主に日常的な医療のレベルで行われる遺伝子診断を念頭においてきたが、実のところ、多くの遺伝子診断は研究レベルにあるといったほうがいいだろう。日常的なレベルで行われる遺伝子診断というのは、遺伝子検査の結果が病気の状態、もしくは病気にかかる危険性とどのように関係しているかがきちんとわかっていて、診断が治療方針や予防方針を決定するのに役立つような場合のことだ。

それとは別に、研究レベルでも検査が行われている。

5章で述べた米国臨床がん学会（ASCO）の分類のように、遺伝子診断を実用レベルと研究レベルに分けて考えることは重要だ。当然、研究レベルで行う遺伝子検査の場合は、研究段階にあることを知らせて、インフォームド・コンセントをとる必要がでてくる。研究段階の場合には、その結果をフィードバックするのかどうかという問題も考えなくてはならない。

さらに、病気と関係のある遺伝子やDNAを探すための遺伝子解析もある。個人の体質や薬剤への反応の仕方の違いを遺伝子のレベルで確かめるために、患者や一般の人から血液などの試料を大量に集めて遺伝子を分析し、データベース化する計画は世界各国で検討されている。

このような遺伝子解析の研究では、採取する試料を保存しておいて、将来、もとの目的とは別の研究に使用することが十分に考えられる。その場合にも、当然のことながら、インフォームド・コンセント、プライバシーの保護、個人情報の守秘が問題になる。DNAデータベースにアクセスできる権利を持つのは誰か、という問題も重要だ。

最近の世界の趨勢は、血液などの試料を遺伝子解析の研究が目的で採取する場合はもちろん、その試料が保存され、のちのち別の遺伝子研究に使われる可能性がある時には、はじめからその可能性を考慮に入れたインフォームド・コンセントをとっておくべきだという考え方だ。

日本ではこれまで、研究目的で遺伝子解析する場合にインフォームド・コンセントが原則になっているとはいえず、施設によってかなり異なっていた。

たとえば、国立がんセンターの研究者は、政府のある委員会で「うちでは血液一滴たりともインフォームド・コンセントなしにはとれない」と述べたが、その一方で特段のことわりなしに採取している医療機関も存在すると話した。

ところが日本でも、二〇〇〇年春から内閣総理大臣が音頭をとるミレニアム・プロジェクトの一環として、多くの人の試料を必要とする遺伝子解析計画が実施されることになり、急遽、厚生省や科学技術会議が国レベルの指針作りに乗り出した。

このようなDNAデータベースのモデルケースとして注目されているのは、アイスランドのデータベースだ。

この国は地理的に孤立しているために、国民のほとんどが九世紀にこの島に定住した人々の子孫だと考えられている。しかも、家系図作りに熱心だったために、ほとんどのアイスランド人が何世紀も前まで祖先をたどることができる。加えて、国民の綿密な医学記録が一九一五年から集積されている。

遺伝子と疾患の関係を解明するには絶好の場所で、これに目を付けたデコード・ジェネティクス社が、医学記録と家系図、そしてDNAの解析データを結びつける大がかりなデータベースの構築計画を国と協力して進めている。デコード社はデータベース作りの費用を負担するかわりに、このデータベースから得られる情報を商業化する権利を十二年間にわたって手にすることになる。

デコード社はこのデータベースを使って、がんや心臓病、アルツハイマー病、ぜんそくなどの多因子遺伝子病に関係する遺伝子探しを進める計画だ。

このようなデータベース作りと一民間企業による商業化の倫理をめぐっては、国民の間だけでなく、国際的な議論が巻き起こり、「国民を売りに出す」などといった批判も飛び出した。最終的にアイスランドの議会はこれを認める法律を通過させたが、プライバシーの保護やインフォームド・コンセントの取り方などをめぐる論争はその後も続いている。

❏遺伝カウンセリング

「日本には遺伝カウンセリングがほとんど存在しない」。ここ数年のあいだに、この言葉を何回耳にしたことだろうか。

遺伝カウンセリングというのは、遺伝をめぐる問題を抱えた人や遺伝医療を必要としている人(クライアント)の相談に応じることで、必要な情報を提供してクライアントの意思決定を手助けする。その仕事には心理的・社会的なサポートも含まれる。

二十年前には遺伝カウンセリングの対象は、ごくまれな遺伝性疾患の家系だけだったが、今や対象はがんや生活習慣病などへと拡大しつつある。増加し始めた遺伝子診断に際しても、遺伝カウンセリングは欠かせない。近い将来には、さらに需要が拡大し、日常医療のなかでも遺伝カウンセリングが必要になる可能性が高い。

ところが、日本の医療においては、遺伝カウンセリングは専門医療として認められていない。ほとんどの場合は産婦人科や小児科の主治医がカウンセリングを実施しているが、遺伝の専門医とは限らず、実際にはクライアントが十分なカウンセリングを受けられないでいるケースが多い。

遺伝カウンセラーを養成する制度には、日本臨床遺伝学会と日本家族計画協会が協力して実施している「遺伝相談認定医師カウンセラー制度」や、日本人類遺伝学会が医師を対象に実施している「臨床遺伝学認定医制度」などがある。臨床遺伝学会のほうは、看護婦など医師以外の人々を対象とした養成コースも設けている。

しかし、これだけではクライアントのニーズに応えることができない。

もちろん、カウンセリング・システムがないことは、遺伝に限ったことではない。他の医療の現場でも、カウンセリングは存在しないに等しい。その証拠に、カウンセリングには保険点数がつかない。

このような問題点を解決する方策を探るため、兵庫医科大学の古山順一を班長とする厚生省の「遺伝医療システムの構築と運用に関する研究班」が一九九八年度に発足した。

研究班が実施した調査によると、遺伝カウンセリングを独立した部門として運営している施設は限られ、遺伝カウンセリングを実施している施設数の地域格差が大きいことが明らかになった。また、カウンセリングを必要としていると推定される人数と、カウンセリングを実際に受けた人の数のあいだには大きなギャップがあり、遺伝カウンセリング・システムの不備を裏付けた。

研究班は一九九九年の中間報告で、遺伝カウンセリングは遺伝専門医と遺伝カウンセラーが協力して行い、遺伝カウンセラーには看護婦（士）や保健婦（士）、臨床心理士、薬剤師なども考慮することなどを提案しているが、そのためにクリアしなくてはならないハードルはいくつもある。

一方、米国では事情はまったく異なる。遺伝カウンセラーの養成を目的とした大学の修士課程を多くの大学が設けているし、カウンセリングには保険点数がついている。医師以外の遺伝カウンセラーが、遺伝専門医と協力しながら相談にあたるのは、ごく普通のことだ。

英国やオーストラリアでは、遺伝カウンセリングを行うのは主に遺伝専門医とともに働く看護婦だが、最近は修士課程を出たカウンセラーも出てきた。ソーシャル・ワーカーや遺伝学者が行う国も欧州にはある。

日本はどのようなカウンセリング制度を構築していけばいいのか。手探りの状態が続いている。

❏教育

カウンセリングと並んで、日本の制度の不備が指摘されているのは、遺伝学の教育だ。初等教育から大学の医学教育に至るまで、遺伝学教育に大きな欠落が存在する。

近畿大学の武部啓によれば、大学の医学部で遺伝学をきちんと教えているところは数えるほどしかない。結果的に、不十分な知識で患者に不安を与えてしまうようなケースがでてくる。中学や高校でも人間の遺伝学はほとんど教えられていない。

このような状況では、いくら遺伝カウンセリング・システムが構築されても、遺伝の話がよくわからず、本質的な自己決定ができなくなってしまう恐れがある。また、知識がないゆえに、遺伝情報を元にした遺伝子差別が生じる恐れもある。

もちろん、科学的知識が十分に行きわたりさえすれば差別がなくなる、というわけではないとは思うが、少なくとも無知故の差別は抑えられるに違いない。さらに、科学的知識だけでなく、生命倫理の問題もあわせて教育すれば、多少なりとも差別防止には役立つのではないだろうか。

教育の問題は、科学記事を書く側にとっても見逃せない問題だ。なぜなら、読者の基礎知識がなければ、とても理解してもらえないような新しい技術がどんどん登場しているからだ。

そのような技術についての社会的、倫理的影響を問う場合でも、遺伝学の基礎知識は欠かせない。もし、全体の遺伝学の知識を底上げすることができれば、より深い記事を書くことができるだろう。そうでなければ、入り口付近でうろうろしなくてはならなくなってしまう。

❏ガイドライン

二〇〇〇年一月現在、遺伝子情報の取り扱いについて定めた法律は、日本には存在しない。国レベルのガイドラインも存在しない。

かろうじて存在するのは、学会レベルのガイドラインである。

日本人類遺伝学会は一九九五年九月に「遺伝性疾患の遺伝子診断に関するガイドライン」を総会で承認し、公表した。一二項目の箇条書きからなる短いもので、診断に際してインフォームド・コンセントをとる必要があること、遺伝カウンセリングが必要であること、遺伝子解析で得られた個人情報には守秘義務があること、などが定められている。特徴は、クライアントと家族に「知らないでいる権利」もあることを明記した点や、クライアントが遺伝子診断を希望しても、医師は社会的、倫理的規範にてらして、もしくは自己の信条として同意できない場合は拒否できるとした点だろう。

さらに、個人情報の守秘義務が解かれる場合として、本人の同意があった場合と、同意がなくても、特定の個人が蒙る重大な被害が防止でき、その必要性があると判断された場合をあげている。この「守秘義務の解除」は、専門家のあいだでも意見の分かれるところだ。

人類遺伝学会はこれ以前の一九九四年十二月に「遺伝カウンセリング・出生前診断に関するガイドライン」をまとめている。これもまた、カウンセリングについて八項目、出生前診断について四項目からなる短いもので、基本原則は遺伝子診断のガイドラインと同様だ。

また、前にも述べたように、家族性腫瘍研究会も独自のガイドラインを作製中だ。これは、かなりの時間をかけて作製している長めのガイドラインで、指針そのものとは別に、家族性腫瘍の研究の現状や、インフォームド・コンセントの定義、遺伝カウンセリングの定義と原則、個人情報や試料の取り扱いについて、参考資料が添付されている。

遺伝子診断の指針作りについては、欧米がはるかに先行しており、さまざまなガイドラインがある。代表的なものとして米国のハンチントン病協会が作成した遺伝子診断の指針がある。ハンチントン病については国際的なガイドラインも存在する。また、遺伝子診断全般の包括的なガイドラインも、N

IHと米国エネルギー省の作業グループがまとめて公表している。

国際的レベルのガイドラインとしては、ゲノム研究に携わる科学者の国際団体であるHUGOの倫理委員会が一九九五年にまとめ、HUGO委員会が九六年に承認した遺伝子研究に関する声明がある。

声明は、ヒトゲノムが人類共通の遺産であることを認識すること、人権の国際的な規範を守ること、価値、伝統、文化などを尊重すること、人間の多様性と自由を認めること、の四つの原則にもとづいて、遺伝子研究の十箇条を提言した。

科学的に正確であるだけでなく、一般の人にも理解されるようなコミュニケーションが研究者にとってとても重要であること、研究への参加者には前もって相談が必要であること、インフォームド・コンセントの際には、研究に参加することの利益と不利益を理解したうえで自由意思で決定すること、遺伝情報の秘密が守られることなどを強調している。

この声明をまとめた倫理委員会のメンバーである武部によると、この十箇条については、ちょっとしたいわくがある。条文は十という数にこだわって作られ、しかも各条文のキーワードのすべてが「C」から始まっているのだが、これは「モーゼの十戒（the Ten Commandments）」にならったものなのだという。しかし、それは日本人には何の意味もないし、中国人にもインド人にも関係ない。「日本人なら聖徳太子の一七条の憲法だ」、と冗談めかして武部は批判したというが、遺伝子の倫理がキリスト教を背景とする白人中心に決まっていくことへの疑問がその言葉に込められている。

世界保健機関（WHO）の人類遺伝プログラムも遺伝医学の倫理問題に関するガイドラインを作製

中だ。一九九九年夏の時点で、このガイドラインはまだ案の段階で、WHOが正式に認めたものではない。

ガイドライン作製のメンバーは九七年に日本で開かれたシンポジウムに招かれ、その時点でのガイドライン案を紹介した。しかし、このガイドラインもまた、西欧キリスト教的考え方が強く反映されているため、なかには「日本にそのままあてはめるのは難しい」という意見がある。

いずれにしても、ヒトゲノムのELSIに求められるのは、多様な分野の人が参加することである。分子遺伝学や臨床遺伝学、心理学、倫理学、社会学、法学などを網羅する超学際的研究が必要とされているると同時に、文化的な背景まで考慮に入れて議論していく必要がある。

それにもかかわらず、技術を開発する科学者の側と、社会的・倫理的問題を論じる側の関心や問題意識がかみあわず、同じ土俵での議論が進まないという問題も残されている。

11章　遺伝子の心理学

❏氾濫する遺伝子

「ボクの相撲カンは生まれもったもの。父と母に感謝します。やっぱりDNAでしょう」。相撲界の花形だった若乃花は、毎日新聞のインタビューにこう答えている（九八年五月二十八日朝刊）。

「明治政府の西洋偏重教育によって、日本の伝統音楽は一般になじみのないものになってしまったが、我々のDNAのなかには必ず古典に共感する部分がある」。伝統音楽の継承者は読売新聞でそう主張した（九七年九月二十九日、夕刊）。

日々の新聞やテレビ、雑誌には、遺伝子やDNAという言葉が氾濫している。

遺伝子は下戸か上戸かを説明し、肥満の原因となり、犯罪や不適切な関係の「動かぬ」証拠となる。小説のテーマになり、詩の一節に詠われ、広告のコピーとなる。男が浮気するのも、ホモセクシュアルになるのも、はげるのも、全部遺伝子のせいだという。

それが本当かどうかはさておいて、人々の遺伝子やDNAに対するイメージが、このような日常的接触から生まれていることは間違いない。

遺伝子診断や遺伝子治療に対するイメージも、おそらくテレビや新聞が流す情報に影響を受けているに違いない。

近畿大学の武部啓は最近、茶の間や街で見かけた「遺伝子」や「DNA」を集めては写真に納めている。彼のコレクションには「キムラ（木村拓哉）の遺伝子」（テレビコマーシャル）や「HONDA DNA」（広告）、「ソニーの遺伝子」（本）、「DNAが騒ぎだす」というスキー場の広告など、さまざまな場面での遺伝子やDNAが収められている。

そこから武部が読みとったメッセージは、「明るい」イメージである。もちろん、だからこそ宣伝に使われているのだ。

その一方で、未だに「遺伝」に暗いイメージを感じる人々がいることは想像に難くない。

二十世紀から二十一世紀を生きるわれわれ現代人にとって、遺伝子とはなにを意味しているのだろうか。

❏DNAと遺伝子

ある晩、会社で仕事をしていると電話が鳴って、初老の男性と思われる読者からこんな質問を受けた。

「今日の夕刊のがんの新薬の記事ですけど、三段目のところにDNAってありますよね。いきなり出てくるんですけど、これは何のことです？」

「えっ、DNAってデオキシリボ核酸のことですけど、わかりませんか」と答えてから、しまったと思った。案の定、「わかりませんかってね、あなた、一般の読者がわかると思いますか」という声に、いらいらが滲んでいる。

「遺伝子の本体っていえばいいでしょうか」と提案してみたが、すでに私の一言に腹をたてていたためか、納得してはもらえなかった。

DNAという言葉が科学の世界に登場したのはいつのことだろうか。一八八七年、スイスの生理化学者、フリードリッヒ・ミーシャーは膿のなかの白血球細胞の核から現在でいうDNAを発見し、ヌクレインと名付けた。しかし当時は、ヌクレインが遺伝に関係していることはわからなかった。

遺伝の本質が細胞の核にある物質であることは一八九〇年代になってわかってきた。二十世紀に入ると、染色体がメンデルの遺伝と結びつけられるようになった。さらに米国の遺伝学者トマス・モーガンが実施したショウジョウバエの実験で、遺伝現象を染色体が担っているという考えが確立した。一九〇九年にはオランダの遺伝学者、ウィルヘルム・ヨハンセンがメンデルの法則において遺伝形質に対応する因子として、gene（遺伝子）という言葉を提案している。

一九四四年になると、米国の細菌学者、オズワルド・エイヴリーのグループが肺炎球菌を使った実験で、遺伝現象を担う物質がDNAであることを証明した。そして、一九五三年にはフランシス・クリックとジェームズ・ワトソンがDNAの二重らせん構造を発見し、分子生物学が幕を開けたのだ。

こうしてみるとDNAという言葉が市民権を得てから、さほど長い時間がたっていないことがわかる。文部省によれば、DNAが高校の教科書に登場したのは昭和四十一年（一九六六年）頃のことだという。今も高校の教科書で扱われているが、中学校ではまだ習わない。

よく新聞は「中学生でもわかるように書け」といわれるが、ことDNAや遺伝子に関してはこの言い方は通用しない。中学生だけでなく「おじさんやおばさんにもわかるように書け」といわなくてはならない。

しかも問題はDNAだけではない。人々の頭を混乱させるのは、遺伝子、DNA、染色体という言葉の使い分けに違いない。この三つは切っても切れない関係にあるが、完全にイコールではないところがわかりにくい。

まず染色体だが、細胞が分裂する際に色素で染めて光学顕微鏡で見ることができることからこの名前がついた。人や動物の場合、染色体の主な中身はDNAとヒストンと呼ばれる塩基性蛋白質である。DNAはヒストンをぐるぐると巻き込んでビーズのような構造をとる。このビーズはヌクレオソームと呼ばれ、ヌクレオソームがさらに連なったものがらせん状に巻き付いて染色体の構造を形作る。ひとつの染色体はどうやら一本のDNAでできているらしい。

細菌のDNAは通常ひとつの環状分子の形をとるが、動物の細胞核のDNAは複数の染色体に分かれている。人間の場合に四六本に分かれていることは前にも述べた。一本の染色体のDNAをほどくと約十センチにもなるという。

では、遺伝子とDNAの関係はどうなっているのだろうか。

よく記事について「このDNAを遺伝子って書き換えてもいい？」と聞かれることがある。いいときもあるが、ダメなときもある。それというのも、DNAには遺伝子といっていい部分と、遺伝子とはいいにくい部分があるからだ。

遺伝子といって間違いがないのは、そのDNAが蛋白質やここから転写されるRNAなどの一次構造を決定している場合で、この場合は特に構造遺伝子と呼ばれる。これとは別にDNAや蛋白質の調節をしているDNA領域があり、これも遺伝子と呼ぶことができる。しかし、DNAにはこれら以外に、蛋白質にも翻訳されないし、調節をしているわけでもない領域がたくさんある。これを遺伝子と呼ぶのはちょっと抵抗がある。また、DNAを酵素で切り刻んだ場合にも、できた断片は遺伝子ではなくて、DNA断片と呼ばれる。

なんだかややこしい話だが、遺伝と遺伝子をめぐるもっと微妙な話もある。

❏遺伝病と遺伝子病

「遺伝病といわれるよりは、遺伝子病といわれたほうがいい」

おそらく、遺伝性の疾患を抱えた人がいったと思われるこの言葉が、いつのころからか頭の隅にひっかかっている。

遺伝病と遺伝子病。「遺伝病」は知っているが「遺伝子病」などという言葉は聞いたことがないという人が大多数だろう。確かにこの言葉は二十年前には存在しなかった。十年前でも怪しいかもしれない。

この聞き慣れない言葉を生んだのは、ヒトゲノム計画に代表される分子遺伝学の急速な進展である。いわゆる遺伝病ではない病気にも、遺伝子の故障が関係しているという認識が広まり始めたのは、一九八〇年代に入った頃である。九〇年代に入ってこの考えはさらに拡大し、今やほとんどの病気の背景に遺伝子が関係している、といわれるようになった。ひとつの遺伝子の故障が引き起こす遺伝性疾患だけでなく、遺伝子と環境の相互作用によって発病する病気まで含めた疾患の総称として登場したのが「遺伝子病」という言葉である。

遺伝子病における遺伝子の故障には二通りある。

ひとつは、まさに遺伝によって親から受け継ぐ故障である。これが、ハンチントン病のように優性遺伝する疾患で、しかも浸透率が百パーセントだとすると、遺伝子の故障と病気の両方が、親から子へと伝わっていく。この場合、遺伝子病は従来の遺伝病とイコールだ。

もうひとつは、後天的に環境から受ける遺伝子変異である。たとえば通常のがんは、環境から受ける遺伝子変異が積み重なって生じる。

遺伝性のがんの場合は、これらの両方が関わってくる。遺伝性の大腸がんの一種である家族性大腸ポリポーシスを例にとると、この疾患の患者は両親のいずれかからAPC遺伝子の故障を受け継ぐ。前にも述べたようにAPC遺伝子はがん抑制遺伝子の一種で、ペアをなす対立遺伝子の片方が故障しただけではすぐにはがんにならない。なぜなら両親のもう一方から受け継いだ正常な遺伝子が身を守ってくれるからだ。

ところが、この世にはDNAに障害を与えるものがたくさん存在する。食物に含まれる発がん物質といわれるものがそうだし、紫外線もDNAに傷をつける。成長するにつれて細胞のDNAが環境からダメージを受けることは避けられない。

結局、APC遺伝子の正常な側もダメージを受けることはまぬがれず、そうなると細胞はがん化へ向けて一歩をすすめることになる。

では、家族性大腸ポリポーシスは「遺伝病」だろうか、「遺伝子病」だろうか。あなたが患者だったら、どちらの言葉を使いたいだろうか。

遺伝病という言葉には、環境から受ける遺伝子のダメージを無視した響きがある。あくまでも親子代々伝わってきた病気というイメージがある。だからといって、優性遺伝で親子代々伝わる疾患は遺伝病と呼ぶべきだといっているのではない。

遺伝子がどのような理由で変異していようが、細胞にとっては同じことである。親から受け継いだ変異は体中のすべての細胞に存在するが、環境から受ける変異は特定の細胞だけに存在するという違いがあるだけだ。

しかも、この二つはデジタルにきっぱりと分かれるわけではない。そう考えると、「遺伝病より遺伝子病」というのはもっともだ。

しかし、遺伝子病といえば問題がないというわけではなさそうだ。

あるとき、遺伝子技術の社会的影響とマスメディアの取り組みについてシンポジウムで話したときのことである。会場にいた臨床医の一人から「なんでもかんでも遺伝子病といって欲しくない」という批判を受けた。この医師は糖尿病が専門だという。

だが、私自身はこの意見に反対だった。遺伝子解析が進めばわかることだが、だれにでも遺伝子病の素因はある。遺伝や遺伝子という言葉を避けて通るよりも、「誰にでも遺伝子病の素因がある」という共通認識を、多くの人がもつようになったほうがいいと思うのだがどうだろうか。

そんなふうに考えていたら、あるとき、家族性大腸ポリポーシスの患者さんにこういわれた。「私はヒトゲノム計画が早く終わらないかなあ、と思っているんです。そうすれば、私たちが特別ではなく、みんないっしょだとわかるようになるでしょうから」。

そうですよね、と私はうなずいた。

❏日本語の問題?

「遺伝病といわれるよりは、遺伝子病といわれたほうがいい」という発言がひっかかったのは、その背景に日本的な血縁主義、差別などの不条理が感じられたためでもあった。

しかし、視点を変えると、これは日本語の問題なのではないかという気もしてくる。

砂漠とベドウィンの国、アラブ首長国連邦を訪ねたことがある。このとき、出会う人々のほとんどが「大切にしたいもの」として口にした言葉がある。

アラビア語を理解しない私に対して、英語で語ってくれたその言葉は「heritage」という。heritage を小学館の英和中辞典で引くと、1 世襲（相続）財産、2 親譲りの物、遺産、伝承、伝統、天性、運命、3 生まれながらの権利、4 神の選民、イスラエル人、キリスト教徒、とある。

アラビア人が口にした heritage は、民族の伝統や遺産という意味あいだった。祖先から受け継いだ有形無形のもの、たとえばラクダを飼う遊牧民としての習慣がそれにあたる。

遺伝と遺伝子について考えていたときにこの言葉を思い出した。

遺伝は英語で inheritance または heredity という。これらが heritage と語源を同じくしていることは間違いない。遺伝以外に、相続財産や神からの授かりものといった意味もある。

親から子へ、子から孫へと、世代を越えて受け継がれるもの、それが heredity や inheritance の意味するところだ。

では遺伝子はどうだろうか。英語で遺伝子は gene という。inheritance とは似ても似つかない。前にも述べたが、gene は一九〇九年にヨハンセンが提案した言葉だ。チャールズ・ダーウィンの仮説に「pangenesis（パンゲン説）」があるが、これをもとにドイツの遺伝学者ヒューゴー・ド＝フリースが提唱した「pangene（パンゲン）」という言葉に由来しているという。

言いかえれば、まだ生まれて一世紀にしかならない新しい造語ということになる。

英語にも確かに hereditary disease と genetic disease という二通りの言い方がある。しかし、生物学辞典を繰ると、遺伝学は genetics だし、遺伝情報は genetic information である。表に現れてみえる表現型とその根底にある遺伝子型の住み分けがきっちりしているようにみえる。

一方、日本は gene の訳語に「遺伝」という言葉を流用した「遺伝子」をあてたために、表現型と遺伝子型の住み分けがあいまいになったのではないだろうか。

日本では遺伝がタブーだ、などといわれる背景にも、このような言葉の問題が関わっている可能性がある。

genetic disease は、遺伝子変異による病気というニュアンスがある。遺伝子の変異が伝わるのであって、病気という実態が伝わってくるわけではない。翻訳書で「がんは遺伝病だ」という表現にぶつかったときに、英語ではなんというか考えてみたが、おそらく「hereditary disease」ではなく、「genetic disease」という言葉が使われているに違いない。「genetic disease」（すなわち「遺伝子の病気」）を、「遺伝病」と言いかえたとたんに、ニュアンスが変わることが感じられると思う。

いっそ、遺伝病という言葉をやめて、遺伝子病にしてしまったほうがいいのではないだろうか。それを確かめるために、ちょっとした調査を企てた。

ある事物に対するイメージを探る心理学的な手法に、セマンティック・ディファレンシャル（SD）法と呼ばれる方法がある。イメージを調べたい単語について、「強い―弱い」「重い―軽い」などの相反する形容詞を並べ、自分の感じがどちらに近いかを答えてもらう方法だ。

この方法を使って、遺伝子や遺伝のイメージについて三〇〇人近い大学生にたずねてみた。遺伝と遺伝子、遺伝病と遺伝子病のイメージの違いを探る目的だったが、結果的には「遺伝病」と「遺伝子病」のあいだにはっきりとしたわかりやすい違いは見いだせなかった。

むしろ、「遺伝子病って何？」という反応のほうが多く、後から聞いてみると「遺伝子病という単語を見て、最初は遺伝病が二回でてきたのかと思った」という人もいた。

どうやら、「遺伝子病」という言葉には馴染みがなく、イメージが形成されていない段階だと考えたほうがいいのかもしれない。

❏遺伝子の心理学

遺伝病と遺伝子病のイメージの違いはうまく測定できなかったが、遺伝子をめぐる心理学は今後、ますます重要性を増していくと思われる。なぜなら、「遺伝子治療」も「遺伝子診断」も、決して一部の人にだけ関係する技術ではなく、二十一世紀には誰もが関わりを避けられない技術になる可能性が高いからだ。遺伝子診断や遺伝子治療に人々が直面したときに、心理学的な要素がからんでくることは間違いない。

たとえば、遺伝子やDNAに対するイメージが遺伝子技術に対する態度に影響を与える可能性がある。暗いイメージが先行すれば、遺伝子技術への拒否感が生まれるだろう。遺伝的な差別につながる恐れもある。逆に明るいイメージばかりだと、この技術がもつ危うさが忘れられてしまうかもしれない。

問題はイメージばかりではない。遺伝子技術に対する認知構造や知識、獲得した情報の量などが、遺伝子技術に対する人々の態度や意思決定を左右することもあるだろう。それはそのまま、よりよい「インフォームド・コンセント」や「インフォームド・チョイス」のあり方とも関わってくる。

そこで不安に感じるのは、日本人全体の「遺伝学リテラシー（genetic literacy）」（遺伝学に関する知識や理解力）の不足である。日常的に記事を書いていて感じるのは、他の科学の分野と比べても、「遺伝子」は多くの人が苦手意識をもっている分野だということだ。

これは一般の人々だけに限らない。先端医療を実施する側の専門家にも苦手な人がいるにちがいない。

では、数少ない遺伝の専門家が一般人への情報の普及・教育に熱心かというと、自分の研究を進めるのに忙しくて、とてもそこまで考えていられないように見受けられる。

このような状況のもとで遺伝子技術が進むと、ちょっとした偏りのある情報に人々の態度が左右され、結果的に不本意な世論形成がなされたり、バイアスのかかった意思決定がなされる恐れがあるのではないだろうか。

そのことが気になって、遺伝子技術に対する人々の意思決定について、認知心理学的な調査を実施することにした。そこからはいくつか興味深い可能性が浮かび上がってきたが、実際の調査の話に入る前に、まずは調査の背景について紹介しておくことにしよう。

❏遺伝子治療のインフォームド・コンセント

医療の現場で、人々の意思決定を支えるのはインフォームド・コンセントである。しかし、遺伝子医療における当初のインフォームド・コンセントは、なんともこころもとない状況だった。

日本の遺伝子治療の一例目の実施に先立って、北海道大学のグループは国の審査機関にインフォームド・コンセントの書式を提出した。大学内の倫理委員会が「これでOK」とみなしたこの書式は、厚生省の遺伝子治療臨床研究中央評価会議の指摘に応じて、大幅に改訂されることになった。北海道大学が当初用意したインフォームド・コンセントは、米国NIHのものをほぼそのまま翻訳したものだったが、患者に対する治療手技の具体的な部分が、英文にしてまるまる二ページ分、意図的に省かれていたという。

エイズ感染者に対する遺伝子治療臨床研究を計画した熊本大学の場合も似たりよったりで、インフォームド・コンセントの書式は遺伝子治療臨床研究中央評価会議によって、大幅な書き直しが命じられた。

この二つのインフォームド・コンセントは、どちらも施設内の倫理委員会の審査を通過したものであり、決して右から左に出てきたわけではない。そう考えると、臨床の専門家も、学内の倫理委員会のメンバーも、インフォームド・コンセントのあり方を十分に理解していなかったといってもいいだろう。

ここから推測されるのは、専門家と一般人のあいだに知識や認識の大きなギャップが存在し、その溝が埋められないままに「自己決定」を求められる恐れがあることである。

国の審査を通過したとしても、専門家と一般人のギャップが埋められるとは限らない。遺伝子治療臨床研究に参加した場合に、被験者が受ける「利益」と「不利益」は、インフォームド・コンセントの際の重要な情報だが、それが誰の立場に立った情報となっているかはチェックが必要な項目のひとつだ。

たとえば熊本大学のケースでは、臨床試験を実施している米国から有効性のデータが公表されていないにもかかわらず、専門家で組織する厚生省と文部省の合同作業グループは「作用機序については実証されていない点はあるものの、基礎試験結果等から、理論的には有効であるとの可能性が示されている」との判断を示した。

ここからは、専門家にとっては「有効性が不明」であったとしても、「科学的価値」がヒト遺伝子技術推進の重要なファクターとなることがうかがえる。臨床試験の性質上、やむをえないのかも知れないが、一般の人がどう考えるかは別の問題であり、被験者には十分説明する必要がある。

さらに忘れてはならないのは、遺伝子治療は日常的な医療ではなく、実験段階にある臨床研究であることだ。日本では、一九九九年六月までに、北海道大学、熊本大学、東京大学医科学研究所の二チーム、岡山大学、千葉大学、財団法人癌研究会、名古屋大学、東京慈恵会医科大学、東北大学加齢医学研究所の計十チームが、遺伝子治療臨床研究を国に申請している。このうち北海道大学の研究はすでに終了し、熊本大学の計画は中止、東京大学医科学研究所の一チームと岡山大学のチームが研究を実施している。

これらの計画のうち、北大と東大、名古屋大のケースは大学が実施する研究という形をとっている。それ以外は、遺伝子治療新薬の開発を目的とする臨床試験（治験）の第一相試験、または第一、二相試験として申請されている。言いかえれば、安全性の確認が主たる目的で、効果を確かめるのはその後、ということになる。つまり、まだ治療と呼べる段階ではないのだ。

それにもかかわらず、「遺伝子治療」という言葉が肯定的なイメージを生み出している可能性は否定できないだろう。一時マスメディアが多用した「究極の治療」「夢の治療」といった言い方も、一般市民の遺伝子治療に対する認知やイメージ形成に影響を与えていることは否定できないだろう。インフォームド・コンセントに際して、これらのことも念頭に置いたうえで説明をする必要がある。

❏遺伝子診断のインフォームド・コンセント

遺伝子診断は、遺伝子治療と異なり、特段の規制がないままに臨床応用が進められてきた技術である。したがって、日本国内で、どのような種類の遺伝子診断が、どの程度実施されているのか、はっきりした統計が存在しない。

熊本大名誉教授の松田一郎が、一九九六年に全国の大学病院、国立病院、都立研究所など一三二施設を対象に実施した調査によれば、回答のあった一一四施設のうち九八施設が遺伝子診断を実施していた。民間の臨床検査会社も遺伝病の遺伝子診断を受注していることも考えあわせると、予想以上に遺伝子診断は広がりをみせていると思える。

そして、遺伝子診断のインフォームド・コンセントについても、遺伝子治療と同様の問題が存在する。

この調査によれば、遺伝病関連の遺伝子診断を実施していると答えた九八施設のうち、八八施設が口頭で、一〇施設が文書で同意を得ていると回答した。また、九二施設が口頭で、六施設が文書で診断について説明していると答えている。すなわち、すべての実施施設が何らかの形でインフォームド・コンセントを得ていると回答したわけだ。

しかし、考えようによっては、文書で説明し、文書で同意をとっている施設は非常にわずかだということになる。しかも、日本の遺伝子診断の現場で、患者サイドに立ったインフォームド・コンセントが百パーセント実施されているとは正直いって考えにくい。

特に、これまでの取材の経験からすると、研究目的で実施される遺伝子検査は、ほとんどがインフォームド・コンセントなしに血液採取してきたのが現状だと思われる。

さらに、繰り返し指摘されているように、日本はカウンセリング体制が整っていない。ここからも、遺伝子診断について正しい知識がないままに、誤った認知やイメージにもとづく意思決定がなされる恐れがあるだろう。

❏遺伝子治療に対する意識と態度

ここで、これまでに実施した遺伝子技術に対する意識調査をみてみよう。

総理府の世論調査によれば、「遺伝子治療を人間に対して行っていいと思うか」という問いに対し、一九八五年には四五・七パーセントが「そう思う」、二九・五パーセントが「そうは思わない」、二四・九パーセントが「わからない」と答えている。

一九九〇年の調査では、それぞれ、五二・三パーセント、二三・九パーセント、二三・八パーセントとなっており、やや肯定的態度が増加しているようにみえる。

だが、この調査は「遺伝子治療」全般をひとくくりにしており、回答者がどのような知識や認知を前提に答えているかわからない。

筑波大のグループが一九九二年に一般市民を対象に実施した調査では「重い遺伝病を治すため、遺伝子治療を個人的に受けたいか」との質問に対し、五四パーセントが「受けたい」、二九パーセントが「受けたくない」と回答している。数字だけみると肯定的だが、これもまた、回答者の認知心理学的背景がわからない。

一方、国立精神・神経センター精神保健研究所の室長で、生命倫理に詳しい社会心理学者である白井泰子が、一九九四年に日本人類遺伝学会、日本先天代謝異常学会の会員を対象に実施したアンケート調査によると、「致死の遺伝病の治療を目的に体細胞に対して行う遺伝子治療」については八二・二パーセントが賛成、九・一パーセントが反対だった。「致死の遺伝病の治療を目的に胚や生殖細胞に対して行う遺伝子治療」については六六・二パーセントが賛成、二一・六パーセントが反対だった。「子供達が受け継ぐはずの知能レベルを向上させる目的で行う場合」は、賛成が一〇パーセント、反対が七三・四パーセント。「子供達が受け継ぐはずの身体的特徴を改善する目的で行う場合」は、賛成が一一パーセント、反対が七一・一パーセントとなっている。

単純には比較できないが、一般の人に比べると専門家のほうが、より肯定的な態度を示す傾向がみられる。

❏遺伝子診断に対する意識と態度

遺伝子診断についてはどうだろうか。新しい遺伝学が可能にした特徴的な技術に、健康なうちに将来の発病を予測する発症前診断や、子孫に病気の原因遺伝子を伝える可能性を明らかにする保因者診断がある。

発症前診断や保因者診断をめぐる意識や意思決定については、頻度の高い遺伝性疾患に対する保因者スクリーニングを受けた一般の人や、発病の危険性をかかえた人々を対象にした調査が、欧米を中心に実施されている。

ここから明らかになっているひとつの知見は、発症前診断を実際に受けたいという人、または実際に受ける人の数が、予想に比べて少ないことである。

たとえば、白人に多い常染色体優性の遺伝性疾患である嚢胞性線維症の遺伝子スクリーニングについて、米国のＥＬＳＩプログラムが実施した社会的・心理的影響の調査によると、遺伝子診断に興味を示した人は予想以上にわずかだった。

ハンチントン病の発症前診断に対しても、検査に先だって興味を示した人のうち、実際に検査を受けたのは一五パーセントに過ぎなかったというデータがある。

乳がん・卵巣がんの発症前遺伝子診断についても、テストに興味を示す人は多いが、実際に検査を受ける人は、乳がん・卵巣がん家系の人の一部にすぎないという。

日本では、中村博子らが遺伝性神経疾患の告知や遺伝子診断に対する患者らの態度を、日本在住の日本人、在米日系人で日本語使用群、在米日系人で米語使用群の三群で比較している。発病前に予測が可能だとしたら「元気で若いうちに遺伝子検査を受けて、結果を知りたいか」との問いに対し、七割から八割以上が「知りたい」と答え、三群間に有意な差はみられなかった。しかし、このうちのどれぐらいが診断を実際に受けるかはわからない。

患者や家族を対象とする調査には、筋ジストロフィー協会が会員を対象に実施しているものがあり、非常に多様な考えがあることがうかがえる。

❏先端技術に対するアンビバレントな態度

では、遺伝子技術に対する態度についてはどのような傾向がわかっているのだろうか。

これまでの調査では、遺伝子工学を含む先端技術に対する評価には、プラスの評価とマイナスの評価が共に高いアンビバレント（両義的）な傾向があるといわれている。

たとえば、名古屋大学の若林満、斎藤和志らのグループは、「バイオテクノロジー」「試験管ベビー」「人工知能」「宇宙開発」「原子力発電」に対する評価とイメージを大学生を対象に調査し、全体にアンビバレントな態度を有していると結論づけた。このなかでも、遺伝子技術に関係のある「バイオテクノロジー」についてみると、技術の信頼性が高く、災難や事故につながらないというポジティブな評価が与えられている反面、倫理的・道義的問題があるというネガティブな評価が与えられている。

これとは別に、「宇宙開発」「原子力発電」「バイオテクノロジー」に対する態度の構造を分析し、好意的感情と嫌悪感情が共に高いことも見いだした。さらに、先端技術に対する熟知度が、好意的な感情成分を高める結果につながる傾向があったという。

これらは、同一の個人のなかに、相反する評価やイメージが存在することを示しているが、集団内でも先端技術に対する態度が両極分離する傾向が見いだされている。

たとえば、全米科学基金（National Science Foundation）が一年おきに実施している世論調査「科学技術指標（Science and Engineering Indicators）」の九六年版によれば、遺伝子工学について、四三パーセントが「利益が危険を上回る」と答えたのに対し、三五パーセントが「危険が利益を上回る」と答え、全体の約五分の一が態度を決定していなかった。

同じ調査によると、遺伝子工学に対する大学生の態度は、一九八五年から一九九五年の十年間に「利益が危険を上回る」と考える人が増え、「危険が利益を上回る」と考える人が減少している。高校を修了していない人の態度は逆の傾向を示している。

❑科学技術スキーマ

次に、先端技術に対する意思決定に影響を与えると思われるいくつかの心理学的要因について考えてみよう。

社会心理学の分野では、人々がある対象を認知したり、情報を処理するときに、知識の枠組みとしての「スキーマ」を活性化して対応するという考えが広く受け入れられている。スキーマにはさまざまな定義があるが、アンダーソンによれば知識の枠組みとしてのスキーマは、大きくて複雑な知識を組織化するのに役立つものとして、人工知能の分野で発展した。レストランでは物事がどのように進行するかについての信念といった、組織化された事実のセットであるという。また、スキーマは情報処理の各段階で、新しい情報の解釈、情報への選択的注意、推論や将来予測に影響を及ぼすとされている。

米国科学技術財団のジョン・D・ミラーは、日本を含む世界一四カ国の近代工業国で実施した科学と技術に対する一般市民の態度の構造に注目し、因子分析によってほとんどの人が科学技術に対して主要な二つのスキーマを所有していることを見いだした。その内容からそれぞれ「科学技術に対する期待（promise）」と「科学技術に対する留保（reserve）」を表していると解釈している。

ミラーによれば、二つのスキーマは別々に働くが、全く独立しているわけではない。また、日本は一四カ国のなかで最も「科学技術期待スキーマ」が弱く、「科学技術留保スキーマ」と同程度となっている。一方、米国は「科学技術期待スキーマ」が強く、「科学技術留保スキーマ」が弱い、楽観的なスキーマ構造をしている。

❏サイエンティフィック・リテラシー

科学技術の社会的受容を論じる際に、科学技術に対する意識に影響する要因のひとつとして、サイエンティフィック・リテラシー（scientific literacy）が重要なコンセプトととらえられている。サイエンティフィック・リテラシーに対する確立した定義はないが、ミラーによれば

1　基本的な科学技術用語、専門用語及び概念の理解
2　科学的な手法及び過程の理解
3　科学政策に関わる問題の理解

の三つが考えられるという。

ミラーは、科学技術スキーマとサイエンティフィック・リテラシーの関係を分析し、日本では「科学技術期待スキーマ」とサイエンティフィック・リテラシーの高さが関係していることを示している。

❏遺伝子医療に対するイメージ構造と意思決定

それでは、「遺伝子診断」や「遺伝子治療」などに対する意思決定には、どのような心理学的要因が関係しているのだろうか。

大阪大学医学部の村岡潔（現佛教大学）と森本兼曩は、大学医学部の医療研究スタッフ、医学部学生、大学付属病院の外来患者と家族らに対してアンケート調査を実施し、イメージと意思決定の関係を探った。その結果、「遺伝子診断」についても「遺伝子治療」についても、「差別や悪用の危険がある」「未知の部分が多い」などのネガティブなイメージと、「医学の発展のために推進されるべき」「人類の役に立つ」などのポジティブなイメージの両方が高い割合で支持されていた。

ネガティブな項目とポジティブな項目のそれぞれと、遺伝子医療に対する意思決定との関係を検定した結果、いずれの集団でもネガティブなイメージよりもポジティブなイメージのほうが意思決定に多く相関している可能性がうかがわれたと結論づけている。

海外では、乳がん・卵巣がんの発症前診断について、診断を受けるか受けないかを左右する要因についても調査がなされている。

米ジョンズ・ホプキンズ大学のゲラーらによれば、はじめは遺伝子診断に興味を示した人も、テストの利益と限界の両方について情報を得ると関心が衰える傾向が見られた。この傾向はハイリスクの人も、一般の人も同様だった。このことから、診断について教育を受けていない人の態度を鵜呑みにしてはいけないと結論づけている。

米ジョージタウン大学のラーマンらによると、遺伝子検査についての基礎知識が高いほど、また、検査の利点についての認識が強いほど、検査を受ける傾向があった。一方、検査の限界や危険についての認識の強さと、検査を受けるかどうかは関係がなかった。

❏態度および態度変化、意思決定のモデル

遺伝子技術をめぐる意思決定についての心理学的な調査は少ないが、一般的な態度と意思決定の関係については、社会心理学がさまざまなモデルを提案している。そのなかから、遺伝子技術に対する人々の態度を探るのに応用できそうなモデルをいくつかあげてみよう。

一般の人が遺伝子技術に対する態度を形成する際には、マスメディアを通じて流される情報に接することが重要な要因になると考えられる。その内容には、肯定的なものと否定的なものの両者が含まれ、情報の送り手もさまざまだろう。また、臨床の場では医師から与えられる情報やインフォームド・コンセントなどによって、意思決定がなされる。

いずれの場合も、情報がある種の説得的コミュニケーションとして働くと考えると、次のようなモデルが参考になる。

【説得的コミュニケーションによる態度変化】

ペティとカシオッポは、「説得的メッセージを受けた際の態度変化は、情報を処理する動機付けと能力の高低によって左右される」という「Elaboration Likelihood Model」を一九八六年に提案した。このモデルによれば、説得的コミュニケーションを受けたときの態度変化のルートには、次のような二通りの道筋がある。

情報を処理しようとする動機付けが高く、情報処理の能力もある場合は「中心ルート」による態度変化が生じる。これは、受け取った情報を十分に吟味し、その思考の結果によって態度変化を起こすルートである。それ以外の場合には「周辺ルート」をたどる。これは、内容を吟味するのではなく、「その道の権威がそういうのだから正しいだろう」というように、周辺的な手がかりに応じて態度変化を起こす道筋で、手がかりがなければ態度は変化しない。

【送り手の信憑性】

説得的なコミュニケーションでは、「情報の送り手が誰か」ということも、態度の変化に影響を与えると考えられている。ホヴランドらによれば、同じ内容のメッセージでも、信憑性の高い送り手から伝えられると説得された方向に意見を変えやすい。また、信憑性の要因として「専門性」と「信頼性」があると指摘している。送り手の専門性が高いと認識しているほど、また、信頼性が高いと認識しているほど、説得を受けやすいというのだ。

【プロスペクト理論とリスク認知】

ヒト遺伝子技術には、利益とリスクの両面があることは疑いがない。そこで、リスクが認知されている場合の意思決定のモデルを探したところ、トヴァスキーとカーネマンの「プロスペクト理論」があった。これは次のような理論である。

「合理的に考えれば、人々が意思決定をする場合には期待される効用（utility）の確率を最大にするような決定を行うはずである。ところが、しばしば人々はこの予測に反する意思決定を行うことがある」。

この意外性を説明するのがプロスペクト理論で、この理論によれば、利得（gain）が確実な選択肢を与えられた場合には、ほとんどの人がリスクを避けようとする（risk-averse）傾向がある。ところが、いずれもネガティブな選択肢の場合には、リスクを侵しても利得にかけようとギャンブルをする傾向があるという。

遺伝子診断に対する意思決定に、このプロスペクト理論をあてはめたのが、バブルらの研究である。バブルのグループは、ハンチントン病にかかる危険性のある人を対象に、確実な発症前診断を希望するかどうかを調べた。すると、すでに危険率が高いことがわかっている人のほうが、危険率が低いとされている人よりも確実な診断を希望する率が高かったのだ。バブルらは、これがプロスペクト理論にあてはまると解釈している。つまり、危険率が低いとされている人は、その現実を変える恐れのあるリスクを避ける。逆に、危険率が高いといわれている人は、発病の診断を確実にするリスクを侵しても、遺伝子に異常がないかもしれないという、わずかな望みにかけてギャンブルをするという考えである。

また、スロヴィックのリスク認知の研究によれば、人々がさまざまな対象に対して抱くリスクのイメージには、主として「恐ろしさ（dread risk）」の因子と「未知性（unknown risk）」の因子の二軸が存在する。「恐ろしさ」因子に属する尺度は「コントロールできる↕コントロールできない」「次世代へのリスクが大きい↕次世代へのリスクが小さい」などで、「未知性」には「新しい↕古い」「科学的に未解明↕科学的に解明」などの尺度が属する。

【滑りやすい坂の効果】

遺伝子技術に対する意思決定には、生命倫理学の分野でしばしば議論される「スリッパリー・スロープ（slippery slope）効果」も関係しているのではないだろうか。スリッパリー・スロープ効果とは、文字どおり滑りやすい坂のことである。すなわち、「最初の一歩を踏み出してしまうと、あたかも坂を滑り落ちるように次々にそれに続く過程に巻き込まれ、最終的に悲惨な結末にたどり着くことが避けられない」という危惧の表明である。

この議論はヒト遺伝子技術にとっても重要である。たとえば遺伝子治療であれば「いったん重篤な遺伝病に対する体細胞の遺伝子治療を認めてしまえば、生殖細胞に対する遺伝子治療が認められ、知能や体力向上、美容目的の遺伝子治療までも実施されるようになるだろう。それがやがては、人間改造や優生学的政策につながる」といった議論が成立するからである。

遺伝子診断にあてはめれば「いったん、治療法のある病気の発症前診断を認めてしまえば、治療法がない病気も認めることになる」という議論も成立する。

❏従来の研究に何が欠けているか

前に述べたように「遺伝子治療」については、一般的な意識調査が存在するが、「遺伝子診断」についてはほとんど実施されていない。これは、遺伝子診断の内容が非常に多岐にわたること、実施の実態が把握されていないことが一因であると推測される。

また、「遺伝子治療」についての意識調査をみても、治療の内容がさまざまであるにもかかわらず「遺伝子治療」全般をひとくくりにしたものが多く、回答者がどのような認知にもとづいて答えているかがはっきりしない。

内容を分けて質問している調査についても、意思決定の背景にある要因を分析したものは少ない。欧米では、遺伝病家系を対象とした遺伝子診断に対する態度や意思決定の調査は比較的多い。それにもかかわらず、ヒト遺伝子技術がらみの意思決定が、心理学の立場からほとんど研究されていないことが研究者のあいだでも指摘されている。

遺伝子治療や遺伝子診断について、一般の市民がどのように態度形成や意思決定するかについては、日本でも海外でもほとんど研究がなされていない。

遺伝子技術に対する人々の態度形成には、情報が大きな役割を果たすことは間違いない。情報の内容、情報の送り手の違いによって、態度形成や意思決定には違いが生じるはずだ。それにもかかわらず、どのような情報がどのような態度形成や意思決定につながるかの知見はきわめて少ない。また、教育の重要性は指摘されても、知識が及ぼす影響は明らかになっていない。

多くの先端技術について特徴的なことは、一般市民とその技術に携わる専門家のあいだに知識や認識の大きなギャップがあることだろう。このギャップは、ヒト遺伝子技術が社会に普及していく過程で摩擦を生む可能性があるが、これについても知見は限られている。

言いかえれば、このような研究分野は未だ発展途上だということになる。問題点のうち、いわゆる意識調査については一般を対象とした社会調査が必要だが、心理学的な背景と意思決定の関係を探ることは小規模な調査でもできそうだ。

そう考えて、次のような調査を実施してみた。

❏「遺伝子治療」「遺伝子診断」への態度調査

調査の目的は、「遺伝子治療」「遺伝子診断」についての態度形成や意思決定が、どのような要因に左右されているかを探ることである。

その際に技術をひとくくりにすることを避け、個別の技術内容に応じた態度の違いがわかるように工夫した。

さらに、一般論としての「遺伝子治療」「遺伝子診断」の推進に賛成か反対かをたずねられた場合と、自分が当事者だった場合に「遺伝子治療」「遺伝子診断」を受けたいかをたずねられた場合の違いも考慮に入れた。

両者のあいだには、当然強い相関があると推測されるが、全く同じであるとは思えない。なぜなら、脳死と臓器移植についても一般論として質問した場合と、自分や家族の場合にどうするかを質問した場合では、意思決定に違いが見られるという報告が知られているからだ。生殖医療に対する調査でも、同じような傾向が見られる。

そこでこの調査では、一般論として推進に賛成か反対かの態度を「世論形成に関わる意思決定」、自分を当事者とみなした場合の態度を「自己決定に関わる意思決定」とみなし、両方を測定した。

認知心理学や社会心理学的なアプローチを採用し、態度を左右する要因として、人間を対象とする遺伝子技術についての「スキーマ」や「イメージ」が、「遺伝子治療」「遺伝子診断」に対する態度とどのように関係しているかを明らかにすることをめざした。

さらに「知識」が態度の決定に与える影響についても検討した。サイエンティフィック・リテラシーの議論にあるように、「知識」にもいくつかの要素があるので、自分で知っていると思っている「主観的熟知」と、実際に知識としてもっている「客観的知識」の両方を測定した。「客観的知識」の内容も純粋に科学的な知識としての「遺伝学知識」と、遺伝学の社会への応用に関係する「社会的知識」の両方を測定した。

また、メディアが流す情報や、インフォームド・コンセントによって与えられる情報が、「遺伝子治療」「遺伝子診断」に対する態度形成に与える影響の重要性を考え、情報付加実験を実施した。

その際に、情報の送り手と内容による態度変化の違いに注目した。「知識」の影響や、ヒト遺伝子技術の応用について社会的合意が成立しているかなどの「現状認識」が与える影響も考慮に入れた。

❏調査の方法

実際には複数の仮説をたてた上で予備調査を実施し、その後で本調査を行ったが、ここでは本調査についてだけ紹介することにする。

簡単にいうと、遺伝子診断や遺伝子治療に対する態度、イメージ、認知スキーマ（知識の枠組み）、知識といった認知構造を調査の前半でたずね、二週間後に遺伝子技術に対する情報を提供して、それらの認知構造がどう変化するかを探るという調査である。

どちらの技術も内容がさまざまで、それによって態度も変わると考えられるので、次のようにそれぞれ四種類に分けて質問した。

遺伝子治療

「重い遺伝病の遺伝子治療」
「がん・エイズの遺伝子治療」
「美容目的や知能・体力向上をめざす遺伝子治療」
「生殖細胞に対する遺伝子治療」

遺伝子診断

「病気をより正確に診断するための確定診断」
「がんをはじめとする予防法や治療法のある病気の遺伝子診断」
「アルツハイマー病をはじめとする予防法や治療法のない病気の遺伝子診断」
「胎児の遺伝子診断」

調査の前半に参加したのは、国立大学の学生一八二人（文系理系混合）と、私立大学二校の学生計一六八人（文系のみ）の合計三五〇人である。調査後半には国立大学の学生一九〇人と私立大学の一六七人の合計三五七人が参加した。

前半と後半の両方の調査に参加したのは国立大学の一四一人と私立大学の一一七人の計二五八人だった。

遺伝子技術に対する「認知スキーマ」の測定には、「人間を対象とする遺伝子技術の発展は、健康を維持するのに役立つ」「人間を対象とする遺伝子技術の発展は、遺伝的に優秀な人間だけを生み出そうとする優生思想につながる」などの評価的信念と呼ばれる項目を使った。

「イメージ」の測定には二三二ページでも紹介したSD法を使い、「危険な↔安全な」「恐い↔恐くない」など計十尺度を用いた。「知識」は、遺伝学用語や遺伝子技術そのものについて知っているかを自己申告してもらうのとあわせ、正誤問題を解いてもらった。

後半の情報を与える調査では、情報の「送り手」として専門家と市民の二種類、「情報の内容」として肯定と否定の二種類を用意した。情報はそれぞれA４一枚分で、「遺伝子操作に反対する市民グループによると、遺伝子治療はある種の人体実験で、治療効果が上がった人はほとんどいない」という否定的な情報や、「国立大学の教授によると、遺伝子治療は遺伝子を使った薬のようなもので、病気を根本から治すことにつながる」といった内容の肯定的な情報をランダムに配った。

これらに加えて、専門家とそれ以外の人のあいだの知識や認識のギャップが、「遺伝子治療」「遺伝子診断」に対する態度にどのように反映されているかも探った。

❏調査の結果

その結果わかったことをおおまかに紹介してみよう。

(1) 態度は全体に肯定的

遺伝子治療や遺伝子診断に対する大学生の態度は、予想以上に肯定的だった。

「遺伝病の遺伝子治療」「がん・エイズの遺伝子治療」については八割以上が推進に賛成だった。

「生殖細胞治療」についても肯定的で、半数以上が推進に賛成したが、意思決定を保留した人も三割にのぼった。「知能・体力向上、美容目的の遺伝子治療」については非常に否定的で、七割近くが推進に反対だった。

自分なら遺伝子治療を受けたいかどうかについても、全体の傾向は、技術の推進に対する意思決定と一致していた。

遺伝子診断による「病気の確定診断」「がんなどの発症前診断」の推進についても非常に肯定的で、七割以上が賛成だった。「アルツハイマーなど予防法・治療法がない病気の発症前診断」「胎児診断」についても推進に賛成する人が五割以上を占めたが、意思決定を保留する人がどちらも約三割にのぼった。

自分なら遺伝子診断を受けたいかどうかについても全体の傾向は、技術の推進に対する意思決定と一致したが、「アルツハイマーなど予防法・治療法がない病気の発症前診断」「胎児診断」については、自分が受診したい人は半数以下で、推進に賛成する人の割合よりも少なかった。

一般論として各技術の「推進に賛成か」どうかと、「自分なら受けたいか」の意思決定に違いがあるかどうかを分析した結果、ほとんどの技術について、「推進」に対する意思決定のほうが肯定的だった。これは、他の先端医療に対する態度と一致しているといっていいだろう。つまり、一般論としては推進に賛成だが、自分のこととなると慎重になる傾向がある。

例外は「知能向上の遺伝子治療」で、「推進」に対する態度のほうが否定的だった。

（2）乏しい知識

遺伝子技術を知っているかどうかを、「意味をはっきり理解している」「意味をある程度理解している」「聞いたことがある」「全く知らない」の四項目でたずねた「主観的な熟知度」は、全体に非常に低かった。

「意味をはっきり理解している」または「意味をある程度理解している」と答えた人が比較的多いのは、「遺伝病の遺伝子治療」（「意味をはっきり理解している」八・六パーセント、「意味をある程度理解している」三四・九パーセント、「聞いたことがある」三九・四パーセント、「全く知らない」一七・一パーセント）、「がんやエイズの遺伝子治療」（「意味をはっきり理解している」三・四パーセント、「意味をある程度理解している」二五・四パーセント、「聞いたことがある」四八・六パーセント、「全く知らない」二二・六パーセント）だった。

「遺伝子診断による胎児診断」は「聞いたことがある」人が四二パーセントだったが、「全く知らない」人が三九パーセントもいた。

残りの技術については、半数か、それ以上が「全く知らない」と答えた。

（3）「価値認知」が意思決定を左右する

人間を対象とした遺伝子技術の認知スキーマとして、遺伝子技術に対してポジティブな「価値認知」とネガティブな「リスク認知」が共存していることがわかった。これは、一軸の両端にポジティブな認知とネガティブな認知がのっかっているのではなく、交差する二軸の一方にポジティブな認知、もう一方にネガティブな認知がのっているという関係であり、しかも両方の認知が高いアンビバレントな人が多かった。

さらに、遺伝子治療の推進や遺伝子診断の推進に賛成か、自分ならこれらの技術を利用したいか、といった意思決定と強く関係しているのは「価値認知」で、「リスク認知」は関係が弱いことがわかった。SD法によるイメージの分析からも、意思決定と主に関係しているのは「肯定的なイメージ」の強弱であるという傾向が見いだされた。

つまり、遺伝子技術が「危険だ」と思っている度合いは意思決定にあまり影響せず、「価値がある」「いいものだ」と思っている度合いによって、遺伝子治療の推進に賛成したり、遺伝子診断を受けるかが左右されるということになる。これは前に述べた諸研究とも一致する。

（4）知識が慎重な態度と関係する

知識との関係については、意外な傾向が浮かび上がった。

実は調査を始める前には、「遺伝子技術について知識があればあるほど、遺伝子治療や遺伝子診断に対して肯定的だろう」と考えていた。科学に関する知識（サイエンティフィック・リテラシー）が高いほど、認知や態度が肯定的になるという調査がこれまでにもあるし、経験的にも科学技術についての専門知識を多くもっている専門家のほうが、その技術に対する態度は好意的だという気がしたからだ。

ところが、この調査では、遺伝学関連の科学的知識が高いほど、「価値認知」「肯定イメージ」が低いという関係が現れた。さらに、遺伝学の知識が高いほど、遺伝子治療や遺伝子診断に対して慎重な態度形成がなされ、意思決定も慎重になる傾向が示唆されたのだ。

つまり、遺伝学知識が不足している人のほうが、遺伝子治療や遺伝子診断の推進に賛成したり、自分でもその技術を受けたいと思う傾向があるということになる。

これが本当なら、これまでの常識とは相いれない、興味深い話である。しかも、これらの技術についてたずねたり、自己決定を促したりする場合に、注意しなくてはならない重要なポイントだということになる。

(5) 知識が態度変化に抵抗する

知識は、情報を提供したあとの態度の変化にも関係していた。

全体に知識量が多いほうが、情報を新たに与えられても態度変化を起こしにくい傾向がみられたのだ。これは、ある意味では解釈しやすい結果だ。

なぜなら、あらかじめもっている情報の絶対量が多い人は、さらに情報を与えられても情報の変化率が小さく、態度変化を起こしにくいと考えられるからだ。

ただし、この傾向がみられたのは遺伝子治療の各技術についてだけで、遺伝子診断にはそのような顕著な傾向はみられなかった。これは、遺伝子治療に比べると、遺伝子診断に関する知識量は元々少なく、多少の遺伝学関連知識のプールがあったとしても新しい情報の影響を受けやすいためかもしれない。

(6) 誤った現状認識が楽観的態度につながる

この調査では、それぞれの遺伝子技術について「社会的合意が成立していると思うか」、「倫理問題が発生すると思うか」の現状認識についても調べた。遺伝子技術についての知識が不足している場合に、人々が態度決定の手がかりにするのは「社会的合意の成立」や「倫理問題の発生」についての現状認識だと考えられたからだ。

すなわち「世間はどう思っているか」の認識である。

その結果、知識が低いほど「社会的合意が成立している」と認識する傾向がみられた。逆に、知識が高いほど「倫理問題が生じる」と認識する傾向もみられた。言いかえれば、知識の高さは慎重な現状認識と関係し、知識の低さは楽観的な現状認識と関係している可能性がある、ということになる。

(7) 情報が態度を慎重な方向に導く

情報を与える実験では、否定情報を受け取った人は、送り手のいかんによらず、情報が説得する方向へ態度全体を変化させる傾向があった。しかし、肯定情報を受け取った人には、技術の推進に賛成するようになったり、自分も応用したいと思うようになるといった、説得方向への意思決定の変化はみられなかった。それどころか、一部の人は肯定的な情報を受け取ったにもかかわらず、否定的な方向に意思決定を変える反動的な変化を起こした。

もともと全体の態度が肯定的なので、態度をより肯定的に変化させられず、天井効果を起こした可能性もあるが、知識と態度の関係を考えると、むしろ情報を得たことによって知識が増え、これが慎重な方向への態度変化を引き起こしたという解釈のほうが納得しやすい。

情報の送り手による効果はどうだろうか。調査前の仮説では、専門家が流す情報のほうが、市民の情報よりも説得力があるのではないかと考えていた。「国立大学の教授による文章」という前提で流した情報を受け取った場合のほうが、「市民団体の情報」を受け取る場合よりも、影響力があるのではないかと思ったのだ。

ところが、結果はそうではなく、どちらの情報でも影響にほとんど変わりがなかった。ときには市民の情報のほうが態度変化を引き起こしやすいケースもあった。

❑知識と認知の重要性

科学に対する理解を表す言葉に、前にも述べた「サイエンティフィック・リテラシー」がある。これを遺伝子技術に特定すれば、ジェネティック・リテラシーということになる。

今回の調査を実施して改めて感じたのは、ジェネティック・リテラシーの重要性だった。もちろん、この調査は大学生を対象としたもので、一般の人からランダムにサンプリングした社会調査とは異なる。したがって、ここから浮かび上がった傾向が普遍的に成立しているかどうかはわからない。

だが、知識が意思決定になんの影響も及ぼさないということは考えにくい。まして、知識不足が楽観的な態度と結びついていたり、態度の揺らぎやすさと結びついているとしたら、知識向上のための手を打たないと後々後悔することになりかねない。

知識の重要性とあわせて、プラス面の認知や肯定的イメージが意思決定に影響している可能性も見逃せない。この傾向は前に述べた村岡やラーマンらの調査にも表れている。

もしこれが普遍的に成立している傾向だとすれば、インフォームド・コンセントを得る際に、その技術のリスクよりも価値をどのように強調するかで、人々の意思決定が変わる可能性がある。

もともと遺伝学の知識が乏しければ、新しい情報による態度の変化も大きく、安定した意思決定ができない可能性もある。専門家の側に知識の不足やイメージ、認知の偏りがあれば、患者の意思決定にも偏りをもたらすだろう。

安定した自己決定を実現するには、一般の人も遺伝学について正しい知識を身につけていく以外にない。だが、それは口でいうほど簡単なことではない。

遺伝子技術の取材をしていると、日々新しい技術が生み出されていくことに驚くことがある。新しい技術が生まれるのにあわせて、新しい言葉も生まれていく。

昨日まで聞いたこともなかった言葉が、次の日には「常識」となっているという経験は、めずらしくもなんともない。

しかも、私たち日本人にとって不利なのは、こうして生み出されていく新語のほとんどが英語であることだ。これは、遺伝学の世界に限らないが、サイエンスの世界は英語圏主導で進んできたために、新しい言葉もまず英語で誕生する。

英語圏の人々にとっては、これらの新語もそれなりに意味をなすのだと思う。たとえばトランスジェニック動物（transgenic animal）という言葉がある。十年ほど前に誕生した新語で、受精卵の段階で外から遺伝子を入れて育てた動物のことだ。この言葉を初めて聞いても、英語圏の人ならtrans（変化）とgene（遺伝子）という言葉の組み合わせとして何となく理解できるはずだ。

だが、一般の日本人にはピンとこない。

遺伝子（gene）と染色体（chromosome）を組み合わせて作ったゲノム（genome）という言葉も同様だ。

これに加えて、遺伝学を学校で十分に教えていないという、日本特有の問題もその背景にはある。人間の遺伝情報がすべて解読されるのは、時間の問題だ。もちろん、遺伝暗号の配列（塩基配列）を解読しただけで人間のすべてがわかるわけではないが、少なくとも医療の現場は大きく変わってくるだろう。

そのときには、一般の人も「遺伝子やＤＮＡの話は難しい」と敬遠し続けるわけにはいかない。よりよい自己決定のためには、きちんとした知識を身につける必要がある。

もちろん、医療者が遺伝学の最新知識を身につけることはいうまでもない。そして、その知識を一般の人にもわかる言葉で提供していくことが、専門家やメディアの重要な任務のひとつになるだろう。

エピローグ

第二ミレニアムが終わりを告げようとしている一九九九年の十二月一日、私はロンドンにあるウェルカム・トラストのホールのまんなかに陣取り、記者会見が始まるのを待っていた。ウェルカム・トラストは世界最大の医学慈善基金で、さまざまな医学研究に多額の出資をしている。ヒトゲノム解析の世界的拠点である英国のサンガー・センターにも二億一千万ポンドという莫大な投資をしてきた。

この日の会見は「染色体二十二番の全塩基配列決定」に関するものだった。会場には一〇〇人近いジャーナリストがひしめいている。壇上にはウェルカム・トラストの所長マイケル・デクスター、染色体二十二番プロジェクトを率いてきたサンガー・センターのイアン・ダンカン、この成果を掲載する権威ある科学論文誌「ネイチャー」の担当編集者らがずらりと顔を並べた。

全部で二三対ある人間の染色体のなかで、遺伝暗号の解読が終わったのは二十二番が最初だった。発表によれば、このなかには免疫疾患や精神疾患、心臓病などに関係のある六七九個の遺伝子が含まれ、そのうち二九八個はこれまで知られていない遺伝子だという。

それぞれのスピーカーが、国際ヒトゲノム計画にとってこの成果がいかに重要で、記念すべき一歩であるかを述べ、特に解読作業が「国際協力でなされた」ことを強調した。

国際ヒトゲノム計画に対抗する米国のベンチャー企業、セレラ社を念頭に置いての発言に違いないが、幸いなことに二十二番染色体の解読の一割は、日本の慶応大学のチームが担当したものだった。サンガー・センターの次に「Ｋｅｉｏ」の名前が挙げられたのを聞いて胸をなでおろしたが、ここに「Ｊａｐａｎ」の名前がなかったら居心地の悪い思いをしたかもしれない。

質疑応答に入ると、当然のことながらセレラ社についての質問が相次いだ。実は、この日公表された二十二番染色体の塩基配列には、技術的な問題でわずかに解読されていない部分があり「それにもかかわらず発表したのは、セレラを意識してのことか？」という質問さえ飛んだ。

私自身も遺伝暗号解読競争に大いなる興味を抱いていたが、この時はもう一つ気になることがあった。ウェルカム・トラストの所長が最初のあいさつで、「本日は、ノーベル賞を二度受賞しているサンガー博士にもおいでいただいた」と述べたからだ。

フレデリック・サンガーといえば、まさにＤＮＡの塩基配列解読法を開発したその人だ。その業績で一九八〇年にノーベル化学賞を受賞している。もちろん、サンガー・センターは彼の名前を冠して建てられた。それより前には蛋白質のアミノ酸配列の決定法を開発し、一九五八年にノーベル化学賞を受賞したという業績の持ち主だ。

サンガーは会場の最前列の右端にひっそりとすわっていた。会見が終わると五、六人の記者がテープレコーダーを持って小柄なサンガーの周囲に群がり、私もあわててこの輪に加わった。

八十一歳になるサンガーは「とてもエクサイティングだ。科学的医学の基礎になるだろう」と控えめな口調でコメントした。DNA塩基配列の特許については「それは人間の体の一部で、守られるべきものだ」と暗に反対を表明した。

各社の記者が去った後で私も聞いてみた。「ヒトゲノムが解読されると、世界が完全に変わると思いますか?」「いや、そうは思わない。でも医学は変わるだろう。それに哲学を変えるかもしれないね」というのがサンガーの答えだった。

それから一カ月後、新しいミレニアムが幕を開けた二〇〇〇年一月十日、セレラ社は国際ヒトゲノム計画をあざ笑うかのように、「ヒトゲノムの九〇パーセントの塩基配列を解読した」と発表した。

三十一億八千万塩基対のヒトゲノムの塩基配列のうち、八一パーセントを解読し、これを公開されている情報と併せることで、全体としてセレラのデータベースがヒトゲノムの九〇パーセントをカバーした、というものだった。このなかには、全ヒト遺伝子の九七パーセントが入っているはずだという。さらに四月には、全塩基配列を読み終わり、あとは元どおりにつなぎあわせるだけだと発表した。

「国際ヒトゲノム計画」対「セレラ」の闘いはどこまでも激化するかにみえたが、二〇〇一年六月に、双方が共同記者会見を開いて「ヒトゲノムのおおまかな解読を終えた」と発表することによって、「和解」がアピールされた。

どんどん加速していくヒトゲノム解読競争のただなかにあって、これまで欧米の動きに無頓着とさえみえた日本政府は、一九九九年末になって突然、腰を上げた。内閣総理大臣が決定したミレニアム・プロジェクトのなかにヒトゲノム解析の項目が組み込まれたのだ。すでにゴールが見えたヒトゲノムの全塩基配列解読の後にくる、遺伝子の個人差と病気や薬剤反応との関係に焦点をあてた解析計画で、イネゲノム解析とあわせて六四〇億円の予算がついた。プロジェクトの中心はスニップ解析だ。このような大規模な遺伝子解析を実施するとなれば、倫理問題の検討は欠かせない。厚生省や科学技術会議はあわてて、人々から血液などを集めて遺伝子解析する際の指針作りに着手したが、議論の積み重ねが不十分なままに、これほど重大な個人情報の取り扱いの指針を決めてしまうことには不安が残る。

だが、その不安を噛みしめる間もないほどの勢いで、世界の焦点は「ポスト・ゲノム・シーケンス(ゲノム塩基配列解読以降)」に大きくシフトしてきた。確かに、ヒトゲノムの塩基配列を決めることは、隠れていた暗号文字を書き出して見ることに過ぎない。そこに含まれる七万から十万個の遺伝子の機能が読み解かれ、個人差が明らかにされるまでは、目に見えるインパクトはないかもしれない。だが、やがてその作業も終了する。その先に、いったい何が待ち受けているのか。

自分の体を形作る六〇兆個の細胞に潜む三〇億の遺伝暗号文字の意味を知った時に、人生の意味がこれまでと同じだとは思えない。サンガーがいうように、「人間とは何か」を問う哲学は変更を余儀なくされるだろう。その心構えが果たして私たちにできているのか。ゆっくり考える間もなく、「パンドラの箱」は私たちの目の前で開きかけている。

あとがき

一九九六年の年末、狭くて薄暗い研究室の片隅で、私は文字どおり髪を振り乱していた。ああ今日もまた、終電かしら。夕御飯は食べ損なったし、買い置きのジャンクフードも底をついた。でも、とにかく統計処理を終えて、締め切りまでにこの論文を完成させなくては。

私が所属していたのは認知心理学の研究室で、なかでも視覚系を対象とした心理物理学が中心テーマだった。同じ研究室の大学院生はコンピュータにめっぽう強いキッズたちで、ディスプレー画面に奇妙な刺激を出しては、ボタン押しで被験者の反応を調べ、錯視や意識下の知覚などを扱っている。

そのなかにあって、私は二重、三重に浮いていた。まず第一に、大学を卒業してから十五年以上たった大学院生であり、周りの大学院生と一回り以上も年齢が違った。もちろん、コンピュータだって原稿書き以外に使ったことがない。第二に、学部学生の時の専攻は心理学とは何の関係もなかった。極め付きは、認知心理学の教室であるにもかかわらず、「遺伝子技術」をテーマに論文を書こうとしていたことである。

科学系の学部を卒業した私は、ちょっとしたきっかけで道を踏み外し、新聞社に入社した。お決まりの警察まわりなどを経験した後に、科学記事を扱う部署に配属されたのが一九八四年のことである。その年の九月、仙台市で国際ウイルス会議が開催された。ちょうどエイズ・ウイルスが発見されたばかりの時で、会場は熱気に包まれていた。後にエイズ・ウイルスの第一発見者と認定されたフランス・パスツール研究所のリュック・モンタニエと、我こそが発見者と主張していた米国のロバート・ギャロのグループの「一騎打ち」もあった。

ウイルスは、遺伝子が薄い衣をはおった程度の構造をした、遺伝子そのものといってもいいような有機物である。その取材を続けるうちに、生物とも無生物ともいえない遺伝子にずぶずぶとはまってしまった。ちょうど一九八〇年代の終わりには、人間の全遺伝情報を読み解くヒトゲノム計画が始まった。次々と新しい遺伝子が発見され、遺伝子診断や遺伝子治療が実施され、取材対象はどんどん広がっていった。

気がつくと、私のなかにはフラストレーションがたまっていた。傍観者でいるだけでなく、当事者になりたい。大それた欲求がむくむく湧いてきたのだ。

できることなら遺伝子を扱う分子生物学を究めたいところだが、実験があまりにへたくそだったことを思い出して踏みとどまった。かわりに、心理学的な面から遺伝子について考えようと選んだのが心理学の研究室である。キッズたちに混じってはれて大学院生になって以来、私は全部で三つの研究に手を染めた。というより、ちょっぴりかじった。

まず最初に「遺伝と環境」をテーマにしようと志を立て、本書の8章でも触れた「空間認知の性差」を題材に選んだ。このテーマとは一年間にわたって悪戦苦闘したが、すでに行われている膨大な研究とその結果の曖昧さに圧倒されて挫折した。

次に「遺伝的差別と認知」をテーマに予備調査を始めた。遺伝子や遺伝に対する認知の個人差が遺伝的差別につながるのではないかという仮説に基づいていたが、検証できるめどが立たずに中断した。

悩んだあげく、最後にたどりついたテーマが「遺伝子技術に対する態度と態度変化」だった。その結果については11章で述べたが、段ボール二十箱以上に上る調査用紙に埋もれ、統計ソフトをぶんまわしながら、ふと、認知心理学と遺伝子技術のもうひとつの接点に気づいた。

潜在的な知覚は、認知心理学の一大テーマである。言いかえれば、自分でも意識しない知覚によって好みや意志までが操られている、というのが最近の認知心理学の教えるところである。

一方、私が遺伝子技術にひっかかった一つの点は、遺伝子は人間の意志を超えてどこまでわれわれを決定しているのかという疑問だった。

最近の認知心理学は「あなたがつい煙草を吸ってしまうのは、無意識のうちにコマーシャルに影響を受けているかもしれない」という。

最近の分子遺伝学は「あなたが禁煙できないのは、あなたの意志とは無関係に働いている遺伝子のせいかもしれない」という。

そこで論文は、「人間はどこまで意志の動物なのだろうか」という、ちょっと気取った言葉で書き始めた。

実をいえば本書の原稿を書き始めたのは、大学院での論文書きをさらにさかのぼる六、七年も前のことである。当時は出版のあてなどなく、趣味のようにしてぽつぽつと書いていた。

こんなものを趣味で書くやつの気が知れない、と言われるとそのとおりなのだが、今にして思うとある種の強迫観念があったのかもしれない。「遺伝子の話はこの先避けて通れないが、書き留めておかなければ忘れてしまう」という職業的な強迫観念である。

大学院の研究をきっかけに本書を書き終えて出版する機会にめぐまれたが、そこには大きな落とし穴が待ち受けていた。このところの遺伝子研究の進み方があまりに速いために、趣味の原稿書きがあっと言う間に現実に追い越されてしまうという事態に陥ったのだ。

あとがきを書いているこの瞬間にも、次々と新しい発見や新データが出てきているに違いないと思うと、まるでケージのなかでいつ終わるともしれない車まわしをしているネズミのような気さえする。内容はできる限りアップデイトしたつもりだが、追いつかなかった部分も多々ある。特に、ゲノムの塩基配列解析以降の課題であるゲノム薬理学や遺伝子疫学、DNAデータベースなどについては、さわりだけしかカバーできなかった。体質の遺伝子や心の遺伝子についても、本書では触れられていないさまざまな研究が進行している。

ここ数年（あるいは数十年）は科学者にとってエクサイティングな時代に違いないが、その一方で、この大きな、しかも混沌とした生命科学の流れに、一般の人がわけもわからないままに飲み込まれることがないかどうかが気にかかる。そんな事態を防ぐには、科学の現場で生産されている情報を翻訳して一般市民に受け渡していくことが必要で、メディアにも、科学者自身にも、その役割が求められている。本書がほんのわずかでもその役割を果たすことができるなら幸いである。

最後に大学院時代の指導教官で、本書の出版を勧めてくれたうえ、原稿をチェックしてくれたカリフォルニア工科大学教授の下條信輔氏、原稿全体に目を通して助言してくれた人類（遺伝）学者の石田貴文氏、藤本良平氏、そして取材に協力していただいた多くの方々にこの場を借りてお礼を申し上げます。毎日新聞記者として取材した材料も本書を書くに当たり使わせていただきました。登場人物の何人かの方々には校正の段階で記憶違いや誤りも指摘していただきました。もちろん、残されているに違いない原稿の誤りはすべて筆者の責任です。そして何よりも、カメのように筆が進まない筆者を辛抱強く励ましてくれた新曜社の塩浦暲氏にお礼を申し上げたいと思います。

二〇〇〇年三月　春を待つオックスフォードで

青野由利

著者紹介

青野由利（あおの　ゆり）
科学ジャーナリスト。毎日新聞科学環境部編集委員。1957年東京生まれ。東京大学薬学部卒業後、毎日新聞社に入社。医学、生命科学、天文学、宇宙開発、火山などの科学分野を担当。
1988～89年フルブライト客員研究員（マサチューセッツ工科大学・ナイト・サイエンス・ジャーナリズム・フェロー）、1997年東京大学大学院総合文化研究科修士課程修了（広域科学専攻）。1999年秋から英国留学。
著書に『ノーベル賞科学者のアタマの中』（築地書館）、共著に『大学病院って何だ』（新潮社）、『シリーズ［性を問う］2　性差』（専修大学出版局）など、共訳書に『遺伝子マッピング』（化学同人）がある。

新曜社
遺伝子問題とはなにか
ヒトゲノム計画から人間を問い直す

初版第1刷発行　2000年6月10日 ©
初版第2刷発行　2001年2月14日

著　者　青野由利
発行者　堀江　洪
発行所　株式会社 新曜社
〒101-0051 東京都千代田区神田神保町 2-10
電話（03）3264-4973・Fax（03）3239-2958
e-mail info@shin-yo-sha.co.jp
URL http://www.shin-yo-sha.co.jp/

印刷　亜細亜印刷　Printed in Japan
製本　光明社
ISBN4-7885-0723-4 C1040

古紙100%再生紙

引用・参考文献

全体を通して参考にした文献

Strachan, T. and Read, A. P.（1999）*Human Molecular Genetics*, Second Edition. BIOS Scientific Publishers Ltd., Oxford.

プロローグ

Adams, M.D. *et al*.（1992）Sequence identification of 2,375 human brain genes. *Nature*, vol.355, pp.632-634.

Aldhous, P.（1992）HUGO opposes Venter. *Nature*, vol.355, p.194.

Aldhous, P.（1992）MRC follows NIH on patents. *Nature*, vol.356, p.98.

Anderson, C.（1992）Patents, round two. *Nature*, vol.355, p.655.

Collins, F.S. *et al*.（1998）New Goals for the U.S. Human Genome Project : 1998-2003. *Science*, vol.282, pp.682-689.

Human Genome Organisation（1992）HUGO Position Statement on cDNAs : Patents.

Macilwain, C.（1993）Genome project 'to be done by 1994'. *Nature*, vol.362, p.488.

Roberts, L.（1992）Two strikes against cDNA patents. *Science*, vol.257, p.1620.

1章

Collins, F. and Galas, D.（1993）A new five-year plan for the U.S. Human Genome Project. *Science*, vol.262, pp.43-46.

Collins, F.S. *et al*.（1998）New goals for the U.S. Human Genome Project : 1998-2003. *Science*, vol.282, pp.682-689.

クック-ディーガン, R./石館宇夫・石館康平訳（1996）『ジーンウォーズ――ゲノム計画をめぐる熱い闘い』化学同人.

Dulbecco, R.A.（1986）Turning point in cancer research : Sequencing the human genome. *Science*, vol.231, pp.1055-1056.

学術審議会（1989）大学等におけるヒト・ゲノムプログラムの推進について（建議）.

航空・電子等技術審議会（1985）ヒト遺伝子解析に関する総合的な研究開発の推進方策について.（諮問第12号）に対する答申，昭和63年6月27日.

Lewin, R.（1986）Proposal to Sequence the Human Genome Stir Debate. *Science*, vol.232, pp.1598-1600.

Macilwain, C.（1999）US provides funding for sequencing rice genome. *Nature*,

vol.401, p.520.
文部省学術国際局研究助成課 (1989) ヒト・ゲノムプログラムの推進について. 学術月報, vol.42, no.3.
文部省「ヒト・ゲノム解析研究」総括班 (1993) ヒトゲノム　全遺伝子の解読を目指して.
文部省科学研究費補助金 (総合研究A)「ヒトゲノム・プログラムの推進に関する研究班」(1990) 我国におけるヒトゲノム解析の推進に関する調査研究.
文部省科学研究費創成的基礎研究「ヒト・ゲノム解析研究」(平成3年～7年度) (1995) 展開期に向かうヒト・ゲノム解析計画.
日本学術会議 (1989) ヒト・ゲノム・プロジェクトの推進について (勧告).
日本学術会議生命科学と生命工学特別委員会 (1989) ヒト・ゲノム・プロジェクトの推進について.
理化学研究所ライフサイエンス筑波研究センター (1991) ヒトゲノム自動解析システムの完成. 平成3年6月3日.
Roberts, L. (1989) Watson versus Japan. *Science*, vol.246, pp.576-578.
Saegusa, A. (1999) US firm's bid to sequence rice genome causes stir in Japan, *Nature*, vol.398. p.545.
添田栄一 (1990) ヒトゲノム解析と理研「遺伝子構成研究」. RIKEN ニュース, no. 109.
Swinbanks, D. (1989) Sequencing by committee. *Nature*, vol.339, p.648.
U.S. Congress, Office of Technology Assessment (1988) Mapping our genes—The Genome Projects : How big, how fast? OTA-BA-373 (Washington, DC : U.S. Government Printing Office).
U.S. Department of Health and Human Services (1990) Understanding Our Genetic Inheritance—The U.S. Human Genome Project : The First Five Years. NIH Publication, no.90-1590.
和田昭允 (1987) DNAの海へ.「科学」6月号, 岩波書店.
Wingerson, L./牧野賢治・青野由利訳 (1994)『遺伝子マッピング——ゲノム探求の現場』化学同人 (Wingerson, L. (1990) *Mappig Our Genes : The Genome Project and the Future of Medicine.*)

2章

ビショップ, J.E., ウォルドホルツ, M./牧野賢治・秦洋一・瀬尾隆訳 (1992)『遺伝子の狩人』化学同人.
クック-ディーガン, R./石館宇夫・石館康平訳 (1996)『ジーンウォーズ——ゲノム計画をめぐる熱い闘い』化学同人.
デイビス, K., ホワイト, M./石浦章一・丸山敬訳 (1997)『乳がん遺伝子をつきと

めろ！』三田出版会.
Futreal, P.A. *et al*. (1994) BRCA1 mutation in primary breast and ovarian carcinomas. *Science*, vol.266, pp.120-122.
堀井明・西庄勇・中村祐輔（1991）家族性大腸ポリポーシス.「実験医学」vol.9, no. 10(増刊).
ケブルス, D. J., フッド, L.E. 編/石浦章一・丸山敬訳（1997）『ヒト遺伝子の聖杯——ゲノム計画の政治学と社会学』アグネ承風社. (Kevles, D. J. & Hood, L. E. (ed.), 1992, *The Code of Codes : Scientific and Social Issues in the Human Genome Project*.)
Kinzler, K.W. *et al*. (1991) Identification of FAP locus genes from chromosome 5q21. *Science*, vol.253, pp.661-665,
Miki, Y. *et al*. (1994) A strong candidate for the breast and ovarian cancer susceptibility gene BRCA1. *Science*, vol.266, pp.66-71.
村上善則（1998）がんの遺伝学. 第8回遺伝医学セミナーテキスト（日本人類遺伝学会後援).
中村祐輔（1996）『遺伝子で診断する』PHP 新書, PHP 研究所.
中村祐輔（1996）遺伝子で分かるがん.「NHK きょうの健康」日本放送出版協会, vol.4, pp.34-37.
Nishisho, I. *et al*. (1991) Mutaion of chromosome 5q21 genes in FAP and colorectal cancer patients. *Science*, vol.253, pp.665-669.
The Huntington disease Collaborative Research Group (1993) A novel gene containing a trinucleaotide repeat that is expanded and unstable on Huntington disease chromosome. *Cell*, vol.72, pp.971-983.
Wexler, N. (1992) Clairvoyance and Caution : Repercussions from the Human Genome Project. In Kevles, D.J. and Hood, A.L. (Eds.) *The Code of Codes : Scientific and Social Issues in the Human Genome Project*. Harvard University Press.

3章

Barinaga, M. (1995) Research News : "Obese" protein slims mice, *Science*, vol. 267, pp.475-476.
Cambien, F., *et al* (1992) Deletion polymorphism in the gene for angiotensin converting enzyme is a potent risk factor for myocardial infarction. *Nature*, vol.359, pp.641-644.
Corder, E.H. *et al*. (1993) Gene dose of Apolipoprotein E Type 4 allele and the risk of Alzheimer's disease in late onset families. *Science*, vol.261, pp.921-923.
Culotta, E. (1995) Research News : Missing Alzheimer's gene found. *Science*, vol.

269, pp.917-918.

Davies, J.L. *et al*. (1994) A genome-wide search for human type 1 diabetes susceptibility genes. *Nature*, vol.371, pp.130-136.

Goate, A. *et al*. (1991) Segregation of a missense mutation in the amyloid precursor protein gene with familial Alzheimer's disease. *Nature*, vol.349, pp. 704-706.

Halaas, J.L. *et al*. (1995) Weight-reducing effects of the plasma protein encoded by the obese gene. *Science*, vol.269, pp.543-546.

Hashimoto, L. *et al*. (1994) Genetic mapping of a susceptibility locus for insulin-dependent diabetes mellitus on chromosome 11q. *Nature*, vol.371, pp.161-164.

Hata, A. (1995) Role of angiotensinogen in the genetics of essential hypertension. *Life Science*, vol.57, pp.2385-2395.

羽田明（1997）多因子遺伝．第7回遺伝医学セミナーテキスト（日本人類遺伝学会後援），pp.56-64.

Kadowaki, H. *et al*. (1995) A mutation in the β3-adrenergic receptor gene is associates with obesity and hyperinsulinemia in Japanese subjects. *Biomedical and Biophysical Research Communications*, vol.215, no.2.

科学技術会議ゲノム科学委員会多型情報戦略ワーキンググループ（1999）ヒトゲノム多型情報に係る戦略について．

蒲原聖可（1998）『肥満遺伝子』講談社ブルーバックス．

家族性腫瘍研究会倫理委員会（1998）家族性腫瘍における遺伝子診断の研究とこれを応用した診療に関するガイドライン（案）．改訂版．

北徹（1997）高脂血症の遺伝学．第7回遺伝医学セミナーテキスト（日本人類遺伝学会後援）．

Krynetski, E.Y. and Evans, W.E. (1998) Cancer genetics '98 : Pharmacogenetics of cancer therapy : Getting personal. *Am. J. Hum. Genet.*, vol.63. pp.11-16.

Matsuda, I. *et al*. (1996) Phenotypic variability in male patients carrying the mutant ornithine transcarbamylase (OTC) allele, Arg40His, ranging from a child with an unfavorable prognosis to an asymptomatic older adult. *Journal of Medical Genetics*, vol.33, no.8, pp.645-648.

Meyer, M.R. *et al*. (1998) APOE genotype predicts when—not whether—one is predisposed to develope Alzheimer's disease. *Nature Genetics*, vol.19, pp. 321-322.

Montague, C.T. *et al*. (1997) Congenital leptin deficiency is associated with severe early-onset obesity in humans. *Nature*, vol.387, pp.903-908.

成瀬聡（1994）家族性アルツハイマー病．「実験医学」vol.12, no.6（増刊）．pp. 676-680.

Okuizumi, K. *et al*. (1994) ApoE-ε4 and early-onset Alzheimer's. *Nature Genetics*, vol.7, pp.10-11.

Price, D. *et al*. (1998) Alzheimer disease-when and why? *Nature Genetics*, vol.19, pp.314-316.

Rink, T.J. (1994) In search of a satiety factor. *Nature*, vol.372, p.406.

Roses, A. (1994) Apolipoprotein E affects the rate of Alzheimer disease expression : β-amyloid burden is a secondary consequence dependent on APOE genotype and duration of disease. *Journal of Neuropathology and Experimental Neurology*, vol.53, no.5, pp.429-437.

Roses, A. *et al*. (1994) Clinical application of apolopoprotein E genotyping to Alzheimer's disease. *The Lancet*, vol.343, pp.1564-1565.

Shellenberg, G.D. *et al*. (1992) Genetic linkage evidence for a familial Alzheimer's disease locus on chromosome 14. *Science*, vol.258, pp.668-671.

Sherrington, R. *et al*. (1995) Cloning of a gene bearing missense mutations in early-onset familial Alzheimer's disease. *Nature*, vol.375, pp.754-760.

St George-Hyslop, P.H. *et al*. (1987) The genetic defect causing familial Alzheimer's disease maps on chromosome 21. *Science*, vol.235, pp.885-890.

St George-Hyslop, P.H. *et al*. (1990) Genetic linkage studies suggest that Alzheimer's disease is not a single homogeneous disorder. *Nature*, vol.347, pp. 194-197.

St George-Hyslop, P.H. *et al*. (1995) Familial Alzheimer's disease in kindreds with missense mutations in a gene on chromosome 1 related to the Alzheimer's disease type 3 gene. *Nature*, vol.376, pp.775-778.

Travis, J. (1993) Research News : New piece in Alzheimer's puzzle. *Science*, vol. 261, pp.828-829.

Ueki, A. *et al*. (1993) A high frequency of apolipoprotein E4 isoprotein in Japanese patients with late-onset nonfamilial Alzheimer's disease. *Neuroscience Letters*, vol.163, pp.166-168.

柳久子他（1990）学校検診から成人病検診へ――つくば方式による遺伝性高脂血症早期発見の試み．「日本公衆衛生雑誌」37, 585-592.

Zhang, Y. *et al*. (1994) Positional cloning of the mouse obese gene and its human homologue. *Nature*, vol.372, pp.425-432.

4 章

Andrews, L.B. and Nelkin, D. (1996) The bell curve : A statement. *Science*, vol. 271, pp.13-14.

Begley, S. (1998) A gene for genius? *Newsweek*, May 25.

Benjamin, J. *et al*. (1996) Population and familial association between the D4 dopamine receptor gene and measures of Novelty Seeking. *Nature Genetics*, vol.12, pp.81-84.

Brunner, H.G. (1993) Abnormal behavior associated with a point mutation in the structural gene for monoamine oxidase A. *Science*, vol.262, pp.578-580.

Cases, O. *et al*. (1995) Aggressive behavior and altered amonts of brain serotonin and norepinephrine in mice lacking MAOA. *Science*, vol.268. pp. 1763-1766.

Casey, M.D. *et al*. (1966) YY chromosomes and antisocial behavior. *The Lancet*, vol.2, pp.859-861.

Corney, M.J. *et al*. (1998) A quantitative trait locus associated with cognitive ability in children. *Psychological Sciecne*, vol.9, pp.159-166.

グールド, S. J. / 鈴木善次・森脇靖子訳 (1989)『人間の測りまちがい――差別の科学史』河出書房新社.

Ebstein, R.P. *et al*. (1996) Dopamin D4 receptor (D4DR) exon III polymorphism associated with the human personality trait of Novelty Seeking. *Nature Genetics*, vol.12, pp.78-80.

Ebstein, R.P. & Belmaker, R.H. (1997) Saga of an adventure gene: Novelty Seeking, substanve abuse and the dopamin D4 receptor (D4DR) exon III repeat polymorphism. *Molecular Pychiatry*, vol.2, pp.381-384.

ELIS Working Group (1996) ELIS working group responds to The Bell Curve. *Human Genome News*, 7(5).

Giros, B. *et al*. (1996) Hyperlocomotion and indifference to cocaine and amphetamine in mice lacking the dopamine transporter. *Nature*, vol.379, pp. 606-612.

Hamer. D.H. *et al*. (1993) A linkage between DNA markers on the the X chromosome and male sexual orientation. *Science*, vol.261, pp.321-327.

Herrnstein. R.J and Murray, C. (1994) *The Bell Curve: The Reshaping of American Life by Differences in Intelligence*. Free Press, New York.

Higuchi, S. (1995) Alcohol and aldehyde dehydrogenase polymorphisms and the risk for alcoholism. *American Journal of Psychiatry*, vol.152, pp.1219-1221.

石浦章一 (1996)『遺伝子が病気をつくる』三田出版会.

Jacob, P. *et al*. (1965) Aggressive behavior, mental sub-normality and the XYY male. *Nature*, vol.208, p.1352.

貝谷久宣 (1997)『脳内不安物質』講談社ブルーバックス.

Lesch, K. *et al*. (1996) Association of anxiety-related traits with a polymorphism in the serotonin transporter gene regulatory region. *Science*, vol.274, pp.

1527-1531.
LeVay, S.（1991）A difference in hypothalamic structure between heteroexal and homosexual men. *Science*, vol.253, pp.1034-1037.
Matsushita, S. *et al*.（1997）Serotonin transporter gene regulatory region polymorphism and panic disorder. *Molecular Psychiatry*, vol.2, pp.390-392.
宮本輝（1983）『命の器』講談社.
Muramatsu, T. *et al*.（1996）Association between alcoholism and the dopamine D4 receptor gene. *Journal of Medical Genetics*, vol.33, pp.113-115.
Nakamura, T. *et al*.（1997）Serotonin transporter gene regulatory region polymorphism and anxiety-related traits in the Japanese. *American Journal of Medical Genetics（Neuropsychiatric Genetics）*, vol.74, pp.544-545.
ネメロフ, C.B.（1998）うつ病の神経生物学.「日経サイエンス」9月.
Ono, Y. *et al*.（1997）Association between dopamine D4 receptor（D4DR）Exon III polymorphisms and novelty seeking in Japanese subjects. *American Journal of Medical Genetics（Neuropsychiatric Genetics）*, vol.74, pp.501-503.
大野裕・小野田直子・桜井昭彦（1998）パーソナリティーの遺伝学.「脳と精神の医学」第9巻, 第2号.
大野裕（1999）『弱体化する生物　日本人』講談社.
Plomin, P.（1990）The role of inheritance in behavior. *Science*, vol.248, pp. 183-188.
プロミン, R./安藤寿康・大木秀一訳（1994）『遺伝と環境』培風館.
Price, W.H. and Whatmore, P.B.（1967）Behaviour disorders and pattern of crime among XYY males identified at a maximum security hospital. *British Medical Journal*, vol.1, pp.533-536.

5章

American College of Medical Genetics/ American Society of Human Genetics Working Group on ApoE and Alzheimer Disease（1995）Statement on use of Apolipoprotein E testing for Alzheimer disease. *JAMA*, vol.274, 20: pp. 1627-1629.
Babul, R. *et al*.（1993）Attitudes toward direct predictive testing for the Huntington disease gene. *JAMA*, vol.270, pp.2321-2325.
Bianchi, D.W. *et al*.（1990）Isolation of fetal DNA from nucleated erythrocytes in maternal blood. *Proc. Natl. Acad. Sci.*, vol.87, pp.3279-3288.
Cheung, M-C. *et al*.（1996）Prenatal doagnosis of sickle cell anaemia and thalassemia by analysis of fatal cells in maternal blood. *Nature Genetics*, vol.14, pp. 264-268.

Handyside, A.H.（1989）Biopsy of human preimplantation embryos and sexing by DNA amplification. *The Lancet*, vol.1, no.347, pp.347-349.

Handyside, A.H.（1990）Pregnancies from biopsied human preimplantation embryos sexed by Y-specific DNA amplification. *Nature*, vol.344, pp.768-770.

貝谷久宣（1992）DNA 診断に対する患者・家族の意識.「からだの科学」181.

厚生省心身障害研究（1998）出生前診断の実態に関する研究.（平成 9 年度研究報告書）.

中村祐輔（1999）医療における SNP の重要性.

日本筋ジストロフィー協会（1996）患者家族討論会　遺伝子・胎児診断に対する期待と疑問.「からだの科学」191.

日本産科婦人科学会（1997）診療・研究に関する倫理委員会報告（平成 8 年度）.「日本産科婦人科学会雑誌」第49巻，第 5 号.

日本産科婦人科学会（1998）平成 9 年度　診療・研究に関する倫理医委員会報告（着床前診断に関する検討経過報告と答申）.「日本産科婦人科学会雑誌」第50巻，第 5 号.

佐藤孝道（1999）『出生前診断』有斐閣選書.

末岡浩他（1997）初期胚の遺伝子診断.「産婦人科の世界」vol.49, no.7.

竹内一浩・永田行博・ Hodgen, G. D.（1992）着床前診断.「産婦人科の実際」第41巻，第11号.

The Huntington's disease Collaborative Research Group（1993）A novel gene containing a trinucleotide repeat that is expanded and unstable on Huntington's disease chromosomes. *Cell*, vol.72, pp.971-983.

6 章

Anderson, F. and Fletcher, J.（1980）Gene therapy in human beings : When is it ethical to begin. *New England Journal of Medicine*, vol.303, pp.1293-1297.

Anderson, F.（1985）Human gene therapy : Scientific and ethical considerations. *The Journal of Medicine and Philosophy*, vol.10, pp.275-291.

Blaese R.M. *et al*.（1995）T-Lymphocyte-Directed gene therapy for ADA-SCID : Initial trial results after 4 years. *Science*, vol.270, pp.475-479.

CIOMS（1990）「犬山宣言」

CIOMS（1991）*Genetics, Ethics and Human Values. Human Genome Mapping, Genetic Screening and Gene Therapy*. Geneva : CIOMS.

Cornetta, K. *et al*.（1991）Safety issues related to retroviral-mediated gene transfer in humans. *Human Gene Therapy*, vol.2, pp.5-14.

DNA 問題研究会（1994）『遺伝子治療　何が行なわれ，何が問題か』評論社.

フリードマン，T./榊佳之・濱田ほのほ訳（1986）『遺伝子治療　大きな一歩か，小

さな一歩か』秀潤社.
Friedmann, T. と榊佳之の対談（1986）米国における遺伝子治療の現状.「細胞工学」vol.5, no.10.
Friedmann, T.（1992）A brief history of gene therapy. *Nature Genetics*, vol.2, pp. 93-98.
小澤敬也（1994）『がんや難病を治す　遺伝子治療』法研.
島田隆（1994）米国における遺伝子治療の発展.「実験医学」vol.12, no.15（増刊）.
Walters, R.（1986）The ethics of human gene therapy. *Nature*, vol.320, pp. 225-227.

7章

コラータ，J./中俣真知子訳（1998）『クローン羊ドリー』アスキー出版局.
学術審議会特定研究領域推進分科会バイオサイエンス部会（1998）大学等におけるクローン研究について（報告）．平成10年7月3日.
科学技術会議生命倫理委員会クローン小委員会（1998）クローン技術に関する基本的考え方について（中間報告）．平成10年6月15日.
Stewart, C.（1997）An udder way of making lambs. *Nature*, vol.385, pp.769-770.
Wilmut, I. *et al*.（1997）Viable offspring derived from fetal and adult mammalian cells. *Nature*, vol.385, pp.810-813.

8章

Benbow, C.P. and Stanley, J.C.（1980）Sex differences in mathematical ability : Fact or artifact, *Science*, vol.210, pp.1262-1264.
Condry, J. and Condry, S.（1976）Sex differences : A study of the Eye Of The Beholder. *Child Development*, vol.47, pp.812-819.
ゲシュビント，N.・ガラバルダ，A./品川嘉也訳（1990）『右脳と左脳――天才はなぜ男に多いか』東京化学同人.
Golombok, S. and Fibush, R.（1994）*Gender Development*. Cambridge University Press.
Halpern. D.F.（1992）*Sex Differences in Cognitive Abilities*. 2nd edition, Lawrence Erlbaum Associates.
Hedges, L.G. and Nowell, A.（1995）Sex differences in mental scores, variability, and numbers of high-scoring individuals. *Science*, vol.269, pp.41-45.
Hines, M.（1982）Prenatal gonadal hormones and sex differences in human behavior. *Psychological Bulletin*, vol.92, pp.56-80.
Hyde, J.S. and Linn, M.（1988）Gender differences in verbal ability : A meta-analysis. *Psychological Bulletin*, vol.104, pp.53-69.

Hyde, J.S. *et al*. (1990) Gender differences in mathematical performance : A meta-analysis. *Psychological Bulletin*, vol.107, pp.139-155.
河内十郎 (1987) 神経心理学　脳の機能的非対称性の男女差.「理・作・療法」21巻4号.
Kimura, D. (1992) Sex differences in the brain. *Scientific American*, September (『日経サイエンス』1992年11月号.)
Levy, J. (1969) Possible basis for the evolution of lateral specialization of the human brain. *Nature*, vol.224, pp.614-615.
Maccoby, E.E. & Jacklin, C.N. (1974) *The Psychology of Sex Differences*. Stanford University Press.
Ryner, L.C. and Swain, A. (1995) Sex in the 90s. *Cell*, vol.81, pp.483-493.
Signorella, M. and Jamison, W. (1986) *Psychological Bulletin*, vol.100, pp.207-228.
Skuse, D.H. (1997) Evidence from Turner's syndrome of an imprinted X-linked locus affecting cognitive function. *Nature*, vol.387, no.6634, pp.705-708.
Sperry, R. (1982) Some effects of disconnecting the cerebral hemispheres, *Science*, vol.217, pp.1223-1226.
Vandenberg, S.G. and Kuse, A.R. (1978) Mental rotations : A group test of three-dimensional spatial visualization, *Perceptual and Motor Skills*, vol.47, pp. 599-604, 464-473.

9章

天笠啓祐・三浦英明 (1996)『DNA 鑑定——科学の名による冤罪』緑風出版.
DNA 多型学会 DNA 鑑定検討委員会 (1997) DNA 鑑定についての指針 (1997).
DNA 多型学会 DNA 鑑定検討委員会委員有志 (1997) ヒト DNA 情報を利用した親子鑑定についての声明.
Hammond, H.A. *et al*. (1994) Evaluation of 13 short tandem repeat loci for use in personal identification applications. *American Journal of Human Genetics*, vol.55, pp.175-189.
樋口十啓 (1996) 民事事件における DNA 鑑定——DNA フィンガープリント法による親子鑑定.「法の支配」第103号.
勝又義直 (1996) DNA を利用した親子鑑定.「ジュリスト」no.1099, pp.94-98.
日本法医学会親子鑑定についてのワーキンググループ (1999) 親子鑑定についての指針.
佐藤博史 (1998) DNA 鑑定についての指針(1997年)決定.「季刊刑事弁護」no.13, pp.182-187.(『DNA 鑑定と刑事弁護』現代人文社にさらに詳しい記述.)
矢野篤 (1996) アメリカ親子法における実親子関係と DNA 鑑定.「ジュリスト」no. 1099, pp.67-75.

10章

Billings, P.R. *et al*. (1992) Discrimination as a consequence of genetic testing. *American Journal of Human Genetics*, vol.50, pp.476-482.

British Medical Association (1998) *Human Genetics Choice and Responsibility*. Oxford University Press.

Collins, F.S. *et al*. (1998) New goals for the U.S. Human Genome Project: 1998-2003, *Science*, vol.282, pp.682-689.

Geller, L.N. *et al*. (1996) Individual, family, and social dimensions of genetic discrimination: A case study analysis. *Science and Engineering Ethics*, vol.2, pp.71-88.

堀越由紀子 (1996) 遺伝カウンセリングについて. 1995年度ヒト遺伝子問題研究チーム研究報告書. 生命倫理研究会 (編), 「これからの医療と遺伝」.

House of Commons Science and Technology Committee (1995) Human Genetics: The Science and its Consequences (Third Report). July.

Human Genetic Advisory Commission (1997) The Implication of Genetic Testing for Insurance.

Human Genetic Advisory Commission (1999) The Implication of Genetic Testing for Employment.

遺伝子研究会 (1996) 遺伝子検査と生命保険――遺伝子研究会報告書.

Institute of Medicine Committee on Assessing Genetic Risks (1994) *Assessing Genetic Risks Implication for Health and Social Policy*, Wasington, D.C.: National Academy Press.

International Huntington Association (IHA) and the World Federation of Neurology (WFN) Research Group on Huntington's Chorea (1994) Guidelines for the molecular genetics predictive test in Huntington's disease. *Neurology*, vol.44, pp.1533-1536.

ケブルス, D. J.・フッド, L. E. 編/石浦章一・丸山敬訳 (1997)『ヒト遺伝子の聖杯――ゲノム計画の政治学と社会学』アグネ承風社. (Kevles, D.J. & Hood, L.E. (ed.), *The Code of Codes: Scientific and Social Issues in the Human Genome Project*.)

National Center for Human Genome Research (1996) Review of the Ethical, Legal and Social Implications Research Program and Related Activities (1990-1995).

NIH (1996) Ethical, legal and social implications of human genetics research. *NIH Guide to Grants and Contracts*, vol.25, no.13.

日本人類遺伝学会 (1994) 遺伝カウンセリング, 出生前診断に関するガイドライン.

日本人類遺伝学会（1995）遺伝性疾患の遺伝子診断に関するガイドライン．
櫛島次郎（1999）21世紀の医療システムと医療管理――先端医療技術の管理のあり方について．「日本産科婦人科学会雑誌」51巻，9号．
President's Commission for the Study of Ethical Problem in Medicine and Biomedical and Behavioral Research（1983）Screening and Counseling for Genetic Conditions.
Roberts, L.（1992）Why Watson quit as project head. *Science*, vol.256, pp.301-302.
Watson, J.D.（1992）A personal view of the project. In Kevles, D.J. and Hood, A. L.（Eds.）, *The Code of Codes: Scientific and Social Issues in the Human Genome Project*. Cambridge, Massachusetts: Harvard University Press.
Wertz, D.C., Fletcher, J. and Berg, K.（1995）Guidelines on Ethical Issues in Medical Genetics and the Provision of Genetic Services.
WHO Human Genetics Programme（1998）Proposed International Guidelines on Ethical Issues in Medical Genetics and Genetic Services.（松田一郎/友枝かえで訳「遺伝医学と遺伝サービスにおける倫理的諸問題に関して提案された国際的ガイドライン」）
米本昌平（1991）『遺伝管理社会――ナチスと近未来』弘文堂．
米本昌平（1994）遺伝子情報とプライバシー．「ファルマシア」vol.30, no.9.
米本昌平（1995）遺伝子診断と治療の倫理．「臨床医学」vol.21, no.5, pp.32-37.

11章

Anderson, J.R.（1990）*Cognitive Psychology and Its Implications*. 3rd Edition. New York: W.H. Freeman.
青野由利（1999）ヒト遺伝子技術に対する態度と情報による態度変化――意思決定にとって何が重要か．「年報　科学・技術・社会」第8巻，pp.1-24.
Babul, R. *et al*.（1993）Attitudes toward direct predictive testing for the Huntington disease gene. *JAMA*, vol.270, pp.2321-2325.
Chaliki, H. *et al*.（1995）Women's receptivity to testing for a genetic susceptibility to breast cancer. *Ammerican Journal of Public Health*, vol.85, pp.1133-1135.
Cheung, M-C. *et al*.（1996）Prenatal doagnosis of sickle cell anaemia and thalassemia by analysis of fatal cells in maternal blood. *Nature Genetics*, vol.14, pp. 264-268.
CIOMS（1991）Genetics, Ethics and Human Values. Human Genome Mapping, Genetic Screening and Gene Therapy. Geneva: CIOMS.
Craufurd D. *et al*.（1989）Uptake of presymptomatic predictive testing for Huntington's disease. *Lancet*, vol.2, pp.603-605.
Durant, J., Evans, G.A., and Thomas, P.（1989）The public understand of science.

Nature, vol.340, pp.11-14.
福島雅典（1996）遺伝子診断と遺伝子治療におけるインフォームド・コンセント．遺伝子診療研究会（編），『遺伝子診療 '96』医学書院，pp.112-115.
Geller, G. *et al*.（1995）Informed consent and BRCA1 testing. *Nature Genetics*, vol.11, p.364.
HIV 遺伝子治療臨床研究作業部会（1996）HIV 遺伝子治療臨床研究の審議経過について．第７回遺伝子治療臨床研究中央評価会議配布資料２.
Hovland, C.I. and Weiss, W.（1951）The influence of source for credibility on communication effectiveness. *Public Opinion Quarterly*, vol.15, pp.635-650.
Hubbard, R. and Lewontin, R.C.（1996）Pitfalls of genetic testing. *The New England Journal of Medicine*, vol.334, pp.1192-1193.
International Huntington Association（IHA）and the World Federation of Neurology（WFN）Research Group on Huntington's Chorea（1994）Guidelines for the molecular genetics predictive test in Huntington's disease. *Neurology*, vol.44, pp.1533-1536.
科学技術庁科学技術政策研究所（1991）科学技術に関する社会意識調査.
科学技術庁科学技術政策研究所（1992）日・米・欧における科学技術に対する社会意識に関する比較調査.
Kahneman, D. and Tversky, A.（1982）The psychology of preference. *Scientific American*, vol.246, pp.136-142.
黒崎剛（1996）生命・遺伝子操作に適用された「滑り坂論」の意味を捉えるために．京都大学文学部倫理学研究室，「ヒトゲノム解析研究と社会との接点　研究報告集」第２集.
楠見孝（1995）脳死，臓器移植の意志決定に及ぼす知識，価値観，援助傾向の効果――臓器提供者が一般他者，家族，自分の場合の比較．「日本社会心理学会第36回大会論文集」pp.194-195.
Lerman, C. *et al*.（1996）BRCA1 Testing in families with hereditary breast-ovarian cancer. A prospective study of patient ecision making and outcomes. *JAMA*, vol.275, pp.1885-1992.
Macer, R.J.（1992）*Attitudes to Genetic Engineering : Japanese and International Comparisons*, N.Z. : Ubios Ethics Institute.
Marshall, E.（1996）ELSI's cystic fibrosis experiment. *Science*, vol.274, p.489.
松田一郎（1996）遺伝子診断と生命倫理.「小児科診療」vol.11, pp.1899-1905.
Miller, J.D.（1983）Scientific literacy : A conceptual and empirical review. *Deadalus*, vol.112, pp.29-48.
Miller, J.D.（1996）Public Understanding of Science and Technology in OECD Countries : A Conparative Analysis.（Presented at Symposium on Public

Understanding of Science and Technology in Tokyo.)

村岡潔・森本兼曩（1996）遺伝子医療に対するイメージ構造と意志決定．「日本生命倫理学会第8回年次大会講演集」．

中村祐子・大井玄（1995）遺伝性神経疾患の告知と遺伝子検査に対する患者らの考え方　日本在住集団と在米日系集団における調査結果の比較．「第7回日本生命倫理学会講演集」．

NSF（1996）Science and thechnology : Public attitudes and public understanding. In National Science Foundation (Ed.) *Science and Engineering Indicators*, Chapter 7.

櫛島次郎（1996）海外の動向．生命倫理研究会(編)，1995年度ヒト遺伝子問題研究チーム　研究報告書「これからの医療と遺伝」第6章．

Osgood, C.E., Suci, G.J., and Tannenbaum, P.H.（1957）*The Measurement of Meaning*. Urbana : University of Illinois Press.

Petty, R.E. and Cacioppo, J.T.（1986）The elaboration likelihood model of persuation. In L. Berkowitz (Ed.), *Advances in experimental social psychology*, vol.19, pp.123-205. Florida : Academic Press.

斎藤和志・中村雅彦・若林満（1988）『先端技術に対する態度の構造――Fishbein Model に基づく態度構造の分析』経営工学研究会．

Shiloh, S.（1996）Decision-making in the context of genetic risk. In Theresa Marteau and Martin Richards (Eds.) *The Troubled Helix : Social and Psychological Implication of the New Human Genetics*. Cambridge University Press. pp.82-103.

白井泰子（1995）遺伝子治療及び受精卵の着床前診断に対する専門家の態度．「日本健康心理学会第8回大会講演集」．

白井泰子（1996）遺伝子治療に対する専門家の態度．平成7年度研究報告会．

Slovic, P.（1987）Perception of risk. *Science*, vol.236, pp.280-290.

Sorenson J.（1992）What we still don't know about genetic screening and counseling. In Annas, G.J. and Elias, S. (Eds.), *Gene Mapping Using Law and Ethics as a Guides*.

総理府内閣総理大臣官房広報室（1985）ライフサイエンス（生命科学）に関する世論調査．

総理府内閣総理大臣官房広報室（1990）医療における倫理に関する世論調査．

Tversky, A. and Kahneman, D.（1981）The framing of decision and the psychology of choice. *Science*, vol.211, pp.453-458.

若林満・中村雅彦・斎藤和志（1987）『先端技術に関する調査報告書』経営行動科学研究会．

Walton, D.（1992）*Slippery Slope Arguments*. Oxford : Clarendon Press ; New

York : Oxford University Press.

Wexler, N. (1992) Clairvoyance and caution : Repercussions from the human genome project. In Kevles, D.J. and Hood, A.L. (Eds.), *The Code of Codes : Scientific and Social Issues in the Human Genome Project*. Harvard University Press.